Thomas Horst
Spezifische Ansätze zur bruchmechanischen Charakterisierung von Elastomeren

TUDpress

Thomas Horst

Spezifische Ansätze zur bruchmechanischen Charakterisierung von Elastomeren

TUD*press*

2011

Die vorliegende Arbeit wurde am 13.07.2010 an der Fakultät Maschinenwesen der Technischen Universität Dresden als Dissertation eingereicht und am 10.12.2010 verteidigt.

Vorsitzender der Promotionskommission:
Prof. Dr.-Ing. habil. Volker Ulbricht

Gutachter:
Prof. Dr. rer. nat. habil. Gert Heinrich
Prof. Dr.-Ing. habil. Alexander Lion

Bibliografische Information der Deutschen Nationalbibliothek
Die Deutsche Nationalbibliothek verzeichnet diese Publikation in der Deutschen Nationalbibliografie; detaillierte bibliografische Daten sind im Internet über http://dnb.d-nb.de abrufbar.

Bibliographic information published by the Deutsche Nationalbibliothek
The Deutsche Nationalbibliothek lists this publication in the Deutsche Nationalbibliografie; detailed bibliographic data are available in the Internet at
http://dnb.d-nb.de.

ISBN 978-3-942710-33-6

Verlag der Wissenschaften GmbH
Bergstr. 70 | D-01069 Dresden
Tel.: 0351/47 96 97 20 | Fax: 0351/47 96 08 19
http://www.tudpress.de

Gesetzt vom Autor.
Printed in Germany.

Danksagung

Die vorliegende Arbeit entstand während meiner Tätigkeit als wissenschaftlicher Mitarbeiter am Leibniz-Institut für Polymerforschung Dresden (IPF). Wesentliche Teile der Arbeit entwickelten sich im Vorfeld beziehungsweise im Rahmen einer von der DFG geförderten Forschergruppe zum Thema „Bruchmechanik und Statistische Mechanik von verstärkten Elastomerblends".

Mein herzlicher Dank gilt zu allererst Herrn Prof. Dr. rer. nat. habil. Gert Heinrich für seine exzellente wissenschaftliche Betreuung und für die mir gewährte Freiheit verbunden mit stetem Vertrauen. Bei Herrn Prof. Dr.-Ing. habil. Alexander Lion bedanke ich mich für seine kritische Durchsicht der Arbeit und die Mitberichterstattung.

Frau Dr.-Ing. Katrin Reincke danke ich für ihre Bereitschaft und Geduld, meinen Gedanken zur Bruchmechanik zu folgen und aus Sicht der experimentellen Charakterisierung zu kommentieren. Auch wenn wir die Thematik von verschiedenen Seiten betrachteten, haben wir es meist geschafft, zu ähnlichen Schlüssen zu kommen.

Außerdem möchte ich mich bei meinen Kollegen am IPF bedanken, allen voran Herrn Dr. rer. nat. habil. Bernd Lauke für die vielen Diskussionen über Bruchmechanik und Frau Dr. rer. nat. habil. Marina Grenzer für ihre stete Bereitschaft zur Diskussion zu Themen der Polymerphysik. Frau Dipl.-Inf. (FH) Katja Tampe danke ich für ihre Unterstützung und Hilfestellung bei administrativen Angelegenheiten und Computerproblemen.

Bei der Untersuchung von Bruchflächen begleiteten und unterstützten mich als studentische Hilfskräfte Dipl-Ing. Sandra Weiß, Falk Meutzner, Ludwig Reichel und Peter Wittig. Ihre Studienarbeiten trugen sehr zum Verständnis der Thematik bei.

Und letztlich danke ich meiner Familie. Sie gab mir den Rückhalt und das Bewusstsein, dass es auch außerhalb der Wissenschaft viel zu entdecken gibt.

Dresden, im Juli 2010 Thomas Horst

Inhaltsverzeichnis

Symbol- und Abkürzungsverzeichnis

Lateinische Symbole

A .... Fläche
a .... Risslänge
A_0 .... Ausgangsquerschnittsfläche
A_H .... Parameter zur Beschreibung der Rissverlängerung pro Zyklus als Funktion der maximal erreichten Reißenergie
A_k .... Thermodynamisch konjugierte Größe zu α_k
a_l .... Länge der Kettensegmente der Irrflugkette
a_P .... Partikelgröße
a_{PZ} .... Größe der Prozesszone
a_T .... Temperaturverschiebungsfaktor
B .... Kompressibilität
b .... Prüfkörperdicke
B_H .... Parameter zur Beschreibung der Rissverlängerung pro Zyklus als Funktion der maximal erreichten Reißenergie
B_i .... Retardationsstärken der Kompressibilität
b_{ij} .... Linker Cauchy-Green-Verzerrungstensor
C .... Nachgiebigkeit
$\bar{C}_1, \bar{C}_2$ .... Konstanten der WLF-Gleichung
C_2^{2D} .... Zweidimensionale Höhendifferenzkorrelationsfunktion zweiter Ordnung
C_i .... Retardationsstärke
C_k .... Eindimensionale Höhendifferenzkorrelationsfunktion k-ter Ordnung
C_k^G .... Eindimensionale Höhendifferenzkorrelationsfunktion k-ter Ordnung für eine Gaußsche Verteilung der Höhenfluktuationen
c_p .... Anzahl der Rouse-Ketten in einem Subsystem
$\mathfrak{D}$ .... Dissipationsrate
d_f .... Fraktale Dimension der Füllstoffcluster
d_i .... Mittlerer Radius der Konformationsröhre
d_w .... Anomaler Diffusionsexponent
E .... Elastizitätsmodul
E' .... Speichermodul
E'' .... Verlustmodul
E_0 .... Elastizitätsmodul im entropieelastischen Bereich
E_∞ .... Elastizitätsmodul im energieelastischen Bereich
E_i .... Relaxationsstärke
$\vec{e}_i$ .... Basisvektoren eines kartesischen Koordinatensystems

E_{ijkl} .... Elastizitätstensor
F .... Kraft
$\vec{F}$ .... Kraftvektor
f .... Frequenz
$\vec{f_i}$ .... Stochastische Kraft am i-ten Segment einer Rouse-Kette
f_N .... Funktionalität der Vernetzungsstellen
G .... Schermodul
$\mathfrak{G}$ .... Energiefreisetzungsrate
G_0 .... Schermodul des ungefüllten Elastomers
G_c .... Anteil der chemischen Vernetzung am Schermodul
G_e .... Anteil der topologischen Behinderungen am Schermodul
H .... Relaxationszeitspektrum des Elastizitätsmoduls
$\hat{H}$ .... Normiertes Relaxationszeitspektrum des Elastizitätsmoduls
h .... Höhe
I_1^b, I_2^b, I_3^b .... Invarianten des Linken Cauchy-Green-Verzerrungstensor
J .... Schernachgiebigkeit
$\mathfrak{J}$ .... J-Integral
$\mathfrak{J}_0$ .... Widerstand gegenüber Rissinitiierung
$\mathfrak{J}_d$ .... Widerstand gegenüber instabiler Rissausbreitung
J_i .... Retardationsstärken der Schernachgiebigkeit
$\mathfrak{J}_i$ .... J-Integral-Vektor
$\mathfrak{J}_v$ .... Viskoelastisches J-Integral
K .... Kompressionsmodul
K_I, K_{II}, K_{III} .. Spannungsintensitätsfaktoren
k_B .... Boltzmann-Konstante
k_p .... Eigenwerte einer Rouse-Kette
k_R .... Federsteifigkeit eines Rouse-Kettensegmentes
L .... Messlänge
$\mathfrak{L}$ .... Langevin-Funktion
l .... Länge, Klemmenabstand
l_0 .... Höhe des undeformierten Pure Shear-Prüfkörpers
l_a .... Größe der Füllstoffcluster
N .... Zyklenzahl
n .... Verfestigungsexponent
n_i .... Normaleneinheitsvektor
N_l .... Anzahl der Kettensegmente der Irrflugkette
n_N .... Netzwerkdichte
P .... Wahrscheinlichkeitsverteilung
p .... Wahrscheinlichkeitsdichtefunktion
P_{ext} .... Äußere Leistung
R .... Kettenendenabstand
$\vec{R}$ .... Kettenendenabstandsvektor
r .... Abstand zur Rissspitze, Längenkoordinate
R_a .... Mittlere Rauheit
R_k .... Quotient der Höhendifferenzkorrelationsfunktion k-ter Ordnung zur Höhendifferenzkorrelationsfunktion zweiter Ordnung

R_k^G .... Quotient der Höhendifferenzkorrelationsfunktion k-ter Ordnung zur Höhendifferenzkorrelationsfunktion zweiter Ordnung für eine Gaußsche Verteilung der Höhenfluktuationen

R_L .... Lastverhältnis

R_{max} .... Maximale Verstreckung einer Polymerkette

R_q .... Quadratische Rauheit

S .... Entropie

S^* .... Entropiedichte

s_H .... Exponent des Relaxationszeitspektrums im Glasübergang

T .... Temperatur

$\mathfrak{T}$ .... Reißenergie

t .... Zeit

$\mathfrak{T}_0$ .... Initiierungswert der Reißenergie

T_A .... Aktivierungstemperatur

$\mathfrak{T}_c$ .... Kritischer Wert der Reißenergie

T_g .... Glasübergangstemperatur

t_i .... Spannungsvektor

$T_{\mathfrak{J}}$ .... Anstieg der Risswiderstandskurve (Tearing-Modul)

T_{ref} .... Referenztemperatur

T_V .... Vogel-Temperatur

U .... Innere Energie

U^* .... Innere Energiedichte

u_i .... Verschiebungsvektor

V .... Volumen

v_c .... Rissgeschwindigkeit

v_i .... Geschwindigkeitsvektor

W .... Freie Energie

W^* .... Freie Energiedichte

W_c^* .... Anteil der chemischen Vernetzung an der freien Energiedichte

W_e^* .... Anteil der topologischen Behinderungen an der freien Energiedichte

W_{ext} .... Arbeit der äußeren Kräfte

W_g^* .... Gesamtverzerrungsenergiedichte

X .... Amplifizierungsfaktor

x_i .... Koordinaten des Ortsvektors

y_{pi} .... Relaxationsmoden der Segmente einer Rouse-Kette

z .... Dynamischer Exponent

Griechische Symbole

α .... Winkel der Rissablenkung

α_H .... Exponent der Reißenergie als Funktion der Rissgeschwindigkeit bei zeitabhängiger Rissausbreitung

α_k .... Innere Zustandsvariable

α_y .... Parameter zur Beschreibung elastisch-plastischen Materialverhaltens

β .... Rauheitsexponent, Wachstumsexponent

β_e .... Zustand der topologischen Behinderungen
β_H .... Exponent des Rissverlängerung pro Zyklus als Funktion der maximal erreichten Reißenergie bei zyklischer Rissausbreitung
Γ .... Integrationskontur
$\Gamma(\,)$ .... Gamma-Funktion
γ .... Benötigte Energie für eine infinitesimale Rissausbreitung
γ_0 .... Beitrag der Oberflächenenergie
γ_d .... Beitrag der Energiedissipation
Δ .... Differenzoperator
δ_f .... Parameter zur Erfassung der endlichen Verstreckbarkeit
$\delta(\,)$ .... Delta-Funktion
δ .... Phasenverschiebung
δ_{ij} .... Kronecker-Symbol
ε .... Verzerrung
ε_{ij} .... Verzerrungstensor
ε_y .... Verzerrung, bei der die Fließspannung erreicht wird
ζ .... Rauheitsexponent
ζ_R .... Effektiver Reibungskoeffizient einer Rouse-Kette
η .... Viskosität
λ_i .... Streckfaktoren
ν .... Querkontraktionszahl
π .... Kreiszahl
σ .... Spannung
σ_{ij} .... Spannungstensor
σ_y .... Fließspannung
τ, τ_i .... Relaxationszeit
τ_i^B .... Retardationszeiten der Kompressibilität
τ_i^J .... Retardationszeiten der Schernachgiebigkeit
τ_i^{KV} .... Retardationszeit eines Kelvin-Voigt-Modells
τ_i^M .... Relaxationszeit eines Maxwell-Modells
Φ .... Dissipationsrate
Φ^* .... Volumendichte der Dissipationsrate
ϕ .... Füllstoffvolumenanteil
φ .... Winkel bezogen auf das Ligament
ϕ_{eff} .... effektiver Füllstoffvolumenanteil
Ψ .... Airy-Spannungsfunktion
ω .... Kreisfrequenz

Vereinbarungen

$(\,)^{tr}$ .... Spur eines Tensors zweiter Stufe
$(\,)_{ij}^{dev}$ .... Deviator eines Tensors zweiter Stufe
$(\tilde{\,})$ .... Gedrehtes kartesisches Koordinatensystem
$(\dot{\,})$ .... Ableitung nach der Zeit
$(\,)_{,i}$ .... Ableitung nach einer Ortskoordinate

$( )^*$ .... Volumendichte
$\langle\ \rangle$ .... Mittelwert

Abkürzungen

ESZ .... Ebener Spannungszustand
EVZ .... Ebener Verzerrungszustand
LEBM .... Linear-elastische Bruchmechanik
N330 .... Bezeichnung eines Rußtyps
SBR .... Styrol Butadien-Elastomer

Abbildungsverzeichnis

Tabellenverzeichnis

Kapitel 1

Einleitung

Elastomere haben aufgrund ihrer mechanischen Eigenschaften ein breites Einsatzspektrum wie zum Beispiel in Reifen, Dichtungen, Luftfedern, Schwingungsdämpfern, Motorlagern und Transportbändern. Sie sind schwach vernetzte Polymerwerkstoffe und weisen aufgrund ihrer Struktur sowohl Festkörper- als auch Flüssigkeitsmerkmale auf. Selbst bei verhältnismäßig kleinen quasistatischen Lasten entstehen relativ große Verformungen infolge der Ausrichtung von Polymerkettenabschnitten in Belastungsrichtung, ohne dass dabei nennenswerte bleibende Deformationen nach einer Entlastung entstehen. Die molekulare Dynamik der Polymerketten bestimmt allerdings, inwieweit eine solche Orientierung der Polymerkettenabschnitte bei nicht-quasistatischer Belastung möglich ist und ob dabei Energie aufgrund des typischen viskoelastischen Deformationsverhaltens dissipiert wird.

1.1 Motivation

An elastomere Werkstoffe werden unter vorwiegend dynamischen Belastungen im Einsatz hohe Anforderungen einer möglichst langen Bauteillebensdauer gestellt. Letztere wird durch Schädigungen des Materials aufgrund von Verschleißmechanismen herabgesetzt. Ein Großteil dieser Verschleißmechanismen beruht auf der Bildung von Rissen und ihrer Ausbreitung. Das Verständnis darüber, wie sich diese Risse ausbreiten, ist nicht nur von wissenschaftlichem sondern auch von wirtschaftlichem Interesse. Alle bruchmechanischen Konzepte setzen Defekte makroskopischer Größe im Bauteil voraus. Diese können zum Beispiel in Form von Lunkern, Einschlüssen oder Mikrorissen entstanden sein oder erst im Einsatz, zum Beispiel durch zyklische Beanspruchung, gebildet werden. Durch die Betriebsbeanspruchung können sich derartige Defekte im Laufe der Zeit zu Rissen makroskopischer Größe entwickeln und in der Folge zum Bruch und somit zum Ausfall des jeweiligen Bauteils führen. Die Prozesse im Material, die letztendlich zur Materialtrennung führen, laufen jedoch auf unterschiedlichen Längenskalen ab. Auf sie kann durch eine Modifizierung der Materialstruktur gezielt Einfluss genommen werden. Das Verständnis dieser mikromechanischen Prozesse in der Nähe der Rissfront, die durch vorhandene mikroskopische Defekte und die heterogene Struktur des Materials beeinflusst werden, ist demnach essenziell für eine gezielte Optimierung von elastomeren Werkstoffen hinsichtlich ihrer bruchmechanischen Eigenschaften. Diese kann zum Beispiel durch eine Veränderung der Konzentration eingesetzter Füllstoffe, der Änderung der Vernetzungsdichte sowie der Beeinflussung der Wechselwirkungen zwischen dem Polymer und dem Füllstoff realisiert werden. Dabei können kleine Änderungen der Materialzusammensetzung eine signifikante Änderung bruchmechanischer Parameter hervorrufen. Für eine gezielte Optimierung der bruchmechanischen Eigenschaften unter Beibehaltung anderer, meist mechanischer Eigenschaften ist daher das Verständnis aller bei einer Rissausbreitung ablaufenden Prozesse im Material auf den unterschiedlichen Längenskalen notwendig.

1.2 Zielsetzung und Aufbau der Arbeit

Die bruchmechanische Charakterisierung von Elastomeren mit einer makroskopischen, auf der Kontinuumsmechanik basierenden Größe einerseits und andererseits die Möglichkeit, diese Größe durch vielfältige Modifizierung des Werkstoffs auf unterschiedlichsten Längenskalen zu verändern, brachte bisher unterschiedliche Ansätze hervor, die getrennt voneinander verfolgt wurden. Experimentelle Untersuchungen zielten darauf ab, gekerbte Prüfkörper unterschiedlicher Elastomerwerkstoffe hinsichtlich ihres Widerstands gegenüber einer Ausbreitung eines Risses unter definierten äußeren Belastungen miteinander zu vergleichen. Dagegen wurden und werden numerische Untersuchungen im Rahmen der Kontinuumsmechanik genutzt, um aufgrund von berechneten Feldern in Rissfrontnähe oder aufgrund energetischer Betrachtungen Indikatoren für die Ausbreitung von Rissen abzuleiten. Versuche, diese beiden Zugänge zusammenzuführen und Kenngrößen äquivalenter physikalischer Bedeutung miteinander zu vergleichen, sind für Elastomere unbekannt. Ein Grund dafür ist sicherlich darin zu sehen, dass experimentelle bruchmechanische Untersuchungen im Zuge eines Vergleiches unterschiedlicher Elastomerwerkstoffe durchgeführt wurden. Die Frage, inwieweit experimentell ermittelte Größen auch auf Bauteile übertragbar sind, wie es ansatzweise bei Metallen bereits Standard ist, ist bei Elastomerwerkstoffen weitgehend unbekannt. Eine solche Übertragbarkeit ist jedoch Voraussetzung für die Verwendung experimentell ermittelter Kenngrößen in numerischen Simulationen.

Bruchmechanische Parameter für Elastomere werden aus einer globalen Energiebilanz bei Rissfortschritt abgeleitet. Dabei sind nicht nur die in Rissfrontnähe ablaufenden Prozesse von Bedeutung. Auch die außerhalb der Prozesszone ablaufenden dissipativen Prozesse bestimmen in wesentlichem Maße einen solchen bruchmechanischen Parameter. Gerade diese Prozesse sind jedoch stark von der Beanspruchung des Prüfkörpers beziehungsweise Bauteils abhängig. Aus diesem Grund sind sowohl Einflüsse der Prüfkörpergeometrie und dessen Abmessungen sowie des Verlaufs der äußeren Belastung auf experimentell ermittelte bruchmechanische Größen zu verzeichnen.

Gegenstand der vorliegenden Arbeit ist es daher, Grundlagen zur bruchmechanischen Charakterisierung der Rissausbreitung in Elastomeren zu erarbeiten, um damit sowohl theoretische als auch experimentelle Ansätze zusammenführen zu können. Damit kann ein vertieftes Verständnis der physikalischen Prozesse, die zur Rissausbreitung in Elastomeren führen beziehungweise mit dieser einhergehen, entstehen. Dazu gehört, dass die wesentlichen Einflüsse auf die bruchmechanischen Kenngrößen erfasst und dahingehend beurteilt werden, inwieweit diese mit der Rissausbreitung einhergehen oder eher von Faktoren wie der Prüfkörpergeometrie und der jeweiligen äußeren Belastung abhängen. Insbesondere soll der Einfluss der Viskoelastizität auf die Rissausbreitung und die Rolle der Rissgeschwindigkeit herausgearbeitet werden, um Unterschiede zwischen der stabilen und instabilen Rissausbreitung zu erkennen. Ein weiterer Schwerpunkt der vorliegenden Arbeit besteht darin, aus der Analyse von Bruchflächen Informationen über den Bruchprozess und dessen Beeinflussung durch die heterogene Materialstruktur abzuleiten.

Ohne Zweifel ist es für die Bruchmechanik von Elastomeren aufgrund der hohen Deformierbarkeit dieser Materialien notwendig, alle makroskopischen Betrachtungen im Rahmen der nichtlinearen Kontinuumsmechanik auszuführen. Der Fokus wird jedoch auf die Hinterfragung bestehender bruchmechanischer Konzepte bezüglich ihrer Anwendung bei Elastomeren beziehungsweise auf die Entwicklung physikalisch sinnvoller Konzepte für diese Materialien gelegt. Deshalb werden Konzepte und Modelle bevorzugt, an denen die wesentlichen Eigenschaften und deren Auswirkungen bei der Ausbreitung von Rissen dargestellt werden können. Dies schließt eine Anwendung linearer Theorien nicht aus, da aus den resultierenden analytischen Lösungen wesentliche Einflussfaktoren auch ohne aufwändige Parameterstudien sichtbar werden. Die daraus abgeleitete physikalische Interpretation ist dann zwar qualitativer Art. Physikalische Aussagen bezüglich der Einflüsse können jedoch verallgemeinert werden.

Nach den obigen Darlegungen sind die folgenden Kapitel wie folgt gegliedert. Im zweiten Kapitel wird auf strukturelle Aspekte von elastomeren Werkstoffen sowie deren Konsequenzen in Bezug auf die Mechanismen, die das typische mechanische Verhalten dieser Werkstoffe verursachen, eingegangen. In erster Linie gehören dazu die Entropieelastizität, Viskoelastizität sowie die füllstoffinduzierte Energiedissipation. Wie dieses mechanische Verhalten üblicherweise mit Modellen beschrieben werden kann, wird in Kapitel 3 dargestellt. Auf die Grundzüge der Modelle wird kurz eingegangen. Dies erfolgt sowohl aus der in der Kontinuumsmechanik üblichen phänomenologischen Betrachtungsweise, als auch aus Sicht der Mikro- beziehungsweise statistischen Mechanik. Das Kapitel 4 widmet sich den Grundlagen der Bruchmechanik. Dabei werden vorhandene Konzepte der Bruchmechanik sowie deren Eignung für Elastomere beleuchtet. Infolge der großen Deformierbarkeit dieser Werkstoffe sind quantitative Analysen mittels vorhandener lokaler bruchmechanischer Konzepte nicht möglich. Dennoch wird gern auf solche für qualitative Analysen zurückgegriffen. Die einzige Möglichkeit, die Rissausbreitung in Elastomeren zu charakterisieren, stellt deshalb eine globale Energiebilanz im Prüfkörper bei Rissausbreitung dar, auf die speziell im Kapitel 5 eingegangen wird. Das Kapitel 6 gibt einen Überblick über die Möglichkeiten zur bruchmechanischen Charakterisierung von Elastomerwerkstoffen und zeigt qualitativ den Einfluss bestimmter Strukturdetails der Werkstoffe auf diese Kenngrößen. Um die Unterschiede zwischen stabiler und instabiler Rissausbreitung herauszuarbeiten, wurde der Einfluss viskoelastischer Eigenschaften auf die Rissspitzennahfelder im Rahmen der linear-viskoelastischen Theorie studiert, dargestellt in Kapitel 7. Insbesondere wird auf den Einfluss der Rissgeschwindigkeit eingegangen und hinsichtlich der charakteristischen Energiedissipation als auch hinsichtlich des Bruchmechanismus diskutiert. Anschließende Bruchflächenuntersuchungen werden in Kapitel 8 vorgestellt, aus denen Rückschlüsse auf den Bruchprozess in Elastomeren gezogen werden können.

1.3 Anmerkungen zur mathematischen Schreibweise

Die vorliegende Arbeit folgt, soweit möglich, den üblichen Schreibweisen der Technischen Mechanik und der Mathematik, siehe Bronstein et al. [16]. Einige Aspekte der Tensorschreibweise sollen jedoch gesondert herausgestellt werden, um das Lesen der Arbeit zu erleichtern.

Wenn nicht anders vermerkt, wird bei der mathematischen Beschreibung von Tensoren von einem ortsfesten kartesischen dreidimensionalen Koordinatensystem, definiert durch die Basisvektoren $\vec{e}_1$, $\vec{e}_2$ und $\vec{e}_3$, ausgegangen. Tensoren werden dann, auch ohne gesondert auf dieses Koordinatensystem zu verweisen, durch ihre Komponenten dargestellt. So wird zum Beispiel der Ortsvektor als Tensor erster Stufe durch seine drei Komponenten

$$x_i \tag{1.1}$$

mit $i = 1, 2, 3$ beschrieben. Ein Tensor zweiter Stufe, wie zum Beispiel der Spannungstensor wird durch seine neun Komponenten

$$\sigma_{ij} \tag{1.2}$$

mit $i, j = 1, 2, 3$ dargestellt.

Für das Skalarprodukt nutzt man die in der Tensorrechnung etablierte Summenkonvention nach Einstein. So ist zum Beispiel das Skalarprodukt eines Tensors zweiter Stufe a_{ij} mit einem Tensor erster Stufe b_i

$$c_i = \sum_{j=1}^{3} a_{ij} b_j = a_{ij} b_j, \tag{1.3}$$

wobei über doppelt auftretende Indizes, in diesem Fall der Index j, von $j = 1 \ldots 3$ summiert wird.

Für die zeitliche Ableitung wird die Abkürzung

$$\frac{\partial\,(\;)}{\partial t} = \dot{(\;)} \tag{1.4}$$

und für Ableitung nach einer Ortskoordinate wird die Abkürzung

$$\frac{\partial\,(\;)}{\partial x_i} = (\;)_{,i} \tag{1.5}$$

eingeführt.

Das in der Tensorschreibweise verwendete Kronecker-Symbol δ_{ij} hat den Wert 1, wenn $i = j$ ist. In allen anderen Fällen hat es den Wert 0.

Kapitel 2

Struktur und mechanisches Verhalten elastomerer Werkstoffe

Das Einsatzgebiet von Elastomeren ist sehr vielfältig und reicht vom Fahrzeugreifen über Schuhsohlen bis zu Dämpfungs- und Dichtungselementen. Dieses breite Einsatzspektrum kann nur durch die Verwendung von Kautschukmischungen erreicht werden, die im Allgemeinen sehr komplex aufgebaut sind und eine große Anzahl an Zuschlagstoffen beinhalten.

Tabelle 2.1: Typische Rezeptur eines rußgefüllten Styrol-Butadien-Vulkanisates (SBR)

Mischungsbestandteile	Anteil in phr
SBR-1500	100
Ruß N330	50
Schwefel	1,6
Zinkoxid	3
N-cyclohexyl-2-benzothiazolesulfenamide (CBS)	1,6
Stearinsäure	1
Alterungsschutzmittel	1

Für die Vulkanisation werden meist Systeme aus einem Vulkanisiermittel wie zum Beispiel Schwefel oder Peroxid, Beschleunigern, Aktivatoren und Verzögerern verwendet. Dabei bewirkt das Vulkanisiermittel unter Wärmezufuhr die chemische Vernetzung des Kautschuks, das heißt die Bildung kovalenter Bindungen zwischen verschiedenen linearen Makromolekülen, zu einem temperaturstabilen Netzwerk. Beschleuniger und Verzögerer regeln die Effektivität und Geschwindigkeit der Vulkanisation. Daneben werden fast immer Füllstoffe, vor allem Ruß und Kieselsäure, Weichmacher, Alterungsschutzmittel und Verarbeitungshilfsmittel zugesetzt. Bei Verwendung von Kieselsäure werden außerdem zur chemischen Anbindung an die Matrix häufig Silankopplungsreagenzien eingesetzt. Die Kunst des Compoundierens liegt darin, die Komponenten so auszuwählen und im richtigen Verhältnis einzusetzen, dass dabei eine Mischung entsteht, die alle chemischen und physikalischen Bedingungen für das Endprodukt erfüllt und die Verarbeitbarkeit gewährleistet. Eine typische Rezeptur ist zum Beispiel in Tabelle 2.1 aufgelistet. Es handelt sich dabei um eine Mischung eines Styrol-Butadien-Elastomers (englisch: Styrene Butadien Rubber, SBR), ein häufig eingesetzter und preisgünstiger Kautschuk, der zum Beispiel in Förderbändern und Reifen verwendet wird. Die Einheit „phr" (englisch: parts per hundred rubber) ist eine in der elastomerverarbeitenden Industrie übliche Angabe des Anteiles der einzelnen Bestandteile der Mischung. Dabei wird der Massenanteil nicht auf den gesamten Werkstoff, sondern nur auf den Anteil der eingesetzten Polymerbestandteile bezogen, siehe hierzu Sommer und Röthemeyer [117], Hofmann [52] oder Mark et al. [78].

Auch wenn es vielfältige Einflüsse der einzelnen Bestandteile eines Elastomerwerkstoffes auf sein mechanisches Verhalten gibt, so werden die wesentlichen mechanischen Eigenschaften dieser Werkstoffe einerseits durch die mesoskopische Struktur der Polymerbestandteile, das heißt des Netzwerks kovalent verbundener, linearer Makromoleküle, und andererseits durch die Auswirkungen der Füllstoffverstärkung bestimmt. Charakteristische Längenskalen beider Bestandteile sind Abbildung 2.1 zu entnehmen.

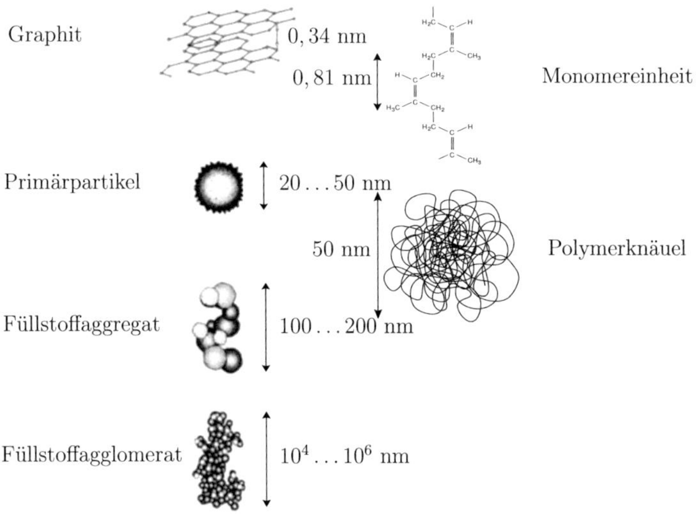

Abbildung 2.1: Charakteristische Längenskalen in rußgefüllten Elastomeren, aus Vilgis et al. [137]

2.1 Polymermatrix

Elastomere gehören zu den makromolekularen Materialien, welche aus der Polymerisation einer sehr großen Zahl, typischerweise zwischen 10^3 und 10^5, niedermolekularer Grundbausteine, den Monomeren, gebildet werden. Jedes Makromolekül besitzt mindestens ein Rückgrat, also eine durchgehende Kette von Monomeren, die über kovalente Bindungen miteinander verknüpft sind. Sind Polymere aus identischen Monomeren aufgebaut sind, bezeichnet man sie als Homopolymere. Andernfalls spricht man von Copolymeren. Je nach Abfolge der unterschiedlicher Monomere handelt es sich dabei um ein statistisches Copolymer, wenn die Monomere regellos aufeinander folgen, um ein alternierendes Copolymer, wenn unterschiedliche Monomere abwechselnd aufeinander folgen, oder um ein Blockcopolymer, bei dem die verschiedenen Monomere in Blöcken angeordnet sind.

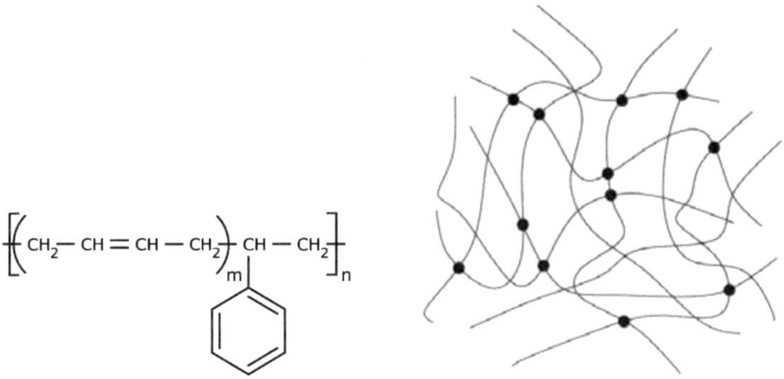

(a) Chemische Struktur

(b) Mesoskopische Kettenstruktur mit Vernetzungspunkten und eingefangenen Verschlaufungen

Abbildung 2.2: Struktur eines SBR-Vulkanisats. Auf größeren Längenskalen werden die mechanischen Eigenschaften nicht mehr durch die chemische Struktur, sondern durch die Kettenstruktur bestimmt.

Elastomere bestehen aus einem Netzwerk aus kovalent verbundenen, einander durchdringenden Polymerketten. Das Netzwerk bei Elastomeren ist weitmaschig, das heißt der Abstand der Vernetzungspunkte ist relativ groß und die Länge der Netzketten zwischen den Vernetzungspunkten ist somit relativ lang. Die Vernetzungspunkte und die Länge der Netzketten sind dabei statistisch verteilt. Bei schwacher Vergrößerung sieht solch ein Makromolekül eines Netzwerkes wie ein verknäuelter Linienzug aus. Erst bei großer Auflösung werden lokale chemische Details sichtbar, siehe Abbildung 2.2. Auch wenn lokale Details, wie die chemische Struktur und die räumliche Anordnung von Seitengruppen einen Einfluss auf die Eigenschaften von Elastomeren haben, können universelle Eigenschaften dieser Werkstoffe direkt aus den statischen und dynamischen Eigenschaften der Polymerketten auf einem mesoskopischen Niveau gewonnen werden.

In Bezug auf die dynamischen Eigenschaften von Polymerketten ist dabei insbesondere das Phänomen des Glasübergangs von entscheidender Bedeutung. Im thermodynamischen Sinne ist der Glasübergang kein Phasenübergang, sondern ein kinetisch-kontrollierter Übergang zwischen einer unterkühlten Schmelze und einem Festkörper ohne Änderung der amorphen Struktur. Die Grundvorstellung ist hier, dass es bei der Glasübergangstemperatur zu einer Übereinstimmung zwischen der molekularen und experimentellen Zeitskale kommt und die Bewegungsmoden bei weiterem Abkühlen sukzessive einfrieren. Voraussetzung für den Glasübergang ist somit, dass eine bestimmte molekulare Beweglichkeit oberhalb der Glasübergangstemperatur vorhanden ist. Der Prozess des Glasübergangs ist beim Abkühlen unter anderem mit einem Anstieg des Schermoduls und der Viskosität um einige Größenordnungen verbunden.

Man unterscheidet den thermischen und den dynamischen Glasübergang, siehe unter anderem Strobl [128] und Weyer [141]. Der thermische Glasübergang ist dadurch gekennzeichnet, dass sich beim Absenken der Temperatur die Relaxationszeiten des Materials vergrößern, während die Beobachtungszeitskale konstant bleibt. Der Glasübergang tritt dann auf, wenn beide Zeitskalen gleich sind. Der Einfrierprozess der molekularen Bewegung der Polymerhauptketten beim Absinken der Temperatur überführt eine Substanz kontinuierlich von ihrer mehr oder weniger fließfähigen Beschaffenheit ohne Änderung der amorphen Struktur in einen festen Zustand. Die in Flüssigkeiten typischen weitreichenden kooperativen Bewegungen fallen aus und es finden nur noch elementare Bewegungen statt. Aufgrund des Ansteigens der Relaxationszeiten entsteht ein Festkörper, der als Glas bezeichnet wird. Der Körper besitzt jetzt die Eigenschaften eines Festkörpers, aber die amorphe Struktur einer unterkühlten Schmelze. Der dynamische Glasübergang zeichnet sich durch eine Änderung der Beobachtungszeitskale aus. Die Relaxationszeiten des Materials bleiben hingegen unverändert. Vom Glasübergang spricht man hier wiederum, wenn beide Zeitskalen vergleichbar sind. Ist die Reaktionszeit des Systems im Vergleich zur charakteristischen Zeitskale des Experimentalfensters groß, so reagiert ein Polymer glasartig. Andernfalls verhält sich das Material wie eine unterkühlte Schmelze.

Thermischer und dynamischer Glasübergang sind somit zwei Konsequenzen ein und desselben physikalischen Phänomens. Der Glasübergang als kinetischer Übergang ist auf Relaxationsprozesse der Hauptkette zurückzuführen. Die Mobilität der Hauptkettensegmente ist daher von entscheidender Bedeutung für diese oberhalb der Glasübergangstemperatur einhergehenden Relaxationsprozesse. Die Mobilität ist allerdings auch abhängig von der Temperatur. Sowohl die Zeit- als auch die Temperaturabhängigkeit des Glasübergangs hat ein und dieselbe Ursache, die im molekularen Bewegungsverhalten zu finden ist. Diese molekularen Prozesse laufen als thermisch aktivierte Prozesse mit Zunahme der Temperatur mit höheren Geschwindigkeiten ab, ohne dass sich die Prozesse selbst grundlegend verändern. Nur die charakteristischen Zeitskalen der Relaxationsprozesse verändern sich. Ein solches Verhalten, für das eine Äquivalenz zwischen der Zeit und der Temperatur existiert, wird als thermorheologisch einfach bezeichnet. Das Zeit-Temperatur-Äquivalenzprinzip besagt, dass sich für thermorheologisch einfache Werkstoffe bei einer Temperaturerhöhung alle Relaxationszeiten im gleichen Verhältnis ändern. Dies ist allerdings nur der Fall, wenn die jeweiligen Relaxationserscheinungen die gleiche physikalische Ursache haben.

In Hinblick auf den mikroskopischen Ordnungszustand sowie die lokale molekulare Dynamik befinden sich Elastomere in ihrem Anwendungsbereich oberhalb der Glasübergangstemperatur in einem flüssigkeitsähnlichen Zustand mit einer hohen internen Flexibilität der Polymerkettenabschnitte zwischen den Vernetzungspunkten. Die Vernetzung verhindert jedoch ein endgültiges Abgleiten verscheidener Ketten aneinander und stellt somit ein festkörperähnliches Verhalten auch oberhalb der Glasübergangstemperatur sicher. Daher bezeichnet man das mechanische Verhalten oberhalb der Glasübergangstemperatur als gummiartig.

Im Anwendungsbereich, das heißt oberhalb der Glasübergangstemperatur, sind Elastomere hochdeformierbare Werkstoffe. Die Grundlage dieser einzigartigen Eigenschaft ist die hohe interne Fexibiliät der Polymerkettenabschnitte. Ist ausreichend freies Volumen für Platzwechselvorgänge vorhanden, so ist durch eine relative leicht zu realisierende innere Drehung um die Kohlenstoff-Kohlenstoff-Bindungen der Hauptkette eine räumliche Änderung der Netzkettenabschnitte leicht möglich. Die Kettenkonformation, das heißt die räumliche Anordnung der Monomere zueinander aufgrund ihrer Drehbarkeit um die Einzelbindungen entlang der Kette, kann sich, angeregt durch Wärmestöße der Umgebung, ändern. Durch diese mikrobrownschen Bewegungen werden im Laufe der Zeit alle möglichen Kettenkonformationen durchlaufen. Die Wahrscheinlichkeit unterschiedlicher Konformationen ist jedoch nicht gleich. Während eine Knäuelkonformation die wahrscheinlichste Konformation darstellt, ist eine vollständig gestreckte Konformation ohne Einwirkung äußerer Kräfte sehr unwahrscheinlich. Es ist jedoch anzumerken, dass die Segmentbeweglichkeit mit der Beweglichkeit der Segmente anderer Netzketten, mit den intermolekularen Wechselwirkungen, dem verfügbaren freien Volumen sowie mit chemischen Details wie zum Beispiel der Steifigkeit der Hauptkette und Seitengruppen zusammenhängt.

Die mikrobrownschen Bewegungen brauchen bei ihrer Realisierung eine gewisse Zeit, auch Relaxationszeit genannt. In der Folge hängen die mechanischen Eigenschaften von Elastomeren oberhalb der Glasübergangstemperatur ebenfalls vom molekularen Bewegungsverhalten der Polymerkettenabschnitte ab. Sowohl die Wechselwirkungen der Kettenabschnitte mit ihrer Umgebung als auch die Temperatur beeinflussen diese Relaxationsprozesse. Die Relaxationszeiten als Maß für die charakteristische Zeit der molekularen Umlagerungsprozesse zeigen daher ebenfalls eine Temperaturabhängigkeit. Die Zeitskale der Beanspruchung im Vergleich zu den Relaxationszeiten des Polymers ist somit entscheidend für das molekulare Bewegungsverhalten und demzufolge auch für den jeweiligen Deformationsmechanismus in Elastomeren. Haben die Polymerkettenabschnitte ausreichend Zeit, so entknäulen und orientieren sie sich oberhalb der Glasübergangstemperatur unter einer angelegten Zugbelastung. Die Kettenabschnitte befinden sich in einem geordneteren Zustand geringerer Entropie. Die Tendenz zur Verknäulung wirkt dabei als rücktreibende Kraft. Dieser Mechanismus der elastischen Deformation wird Entropieelastizität genannt. Die molekulare Theorie zur Beschreibung der Elastizität basiert im Wesentlichen auf der Statistik möglicher Konformationen sowie auf deren Änderung bei quasistatischen Deformationen. Haben die Polymerkettenabschnitte oberhalb der Glasübergangstemperatur nicht die Zeit, um derartige kollektive Umlagerungen zu realisieren, so reagieren sie auf eine äußere Belastung mit einer Änderung der Bindungsabstände und Valenzwinkel, was eine Änderung der inneren Energie hervorruft. Daher wird dieser Mechanismus der elastischen Deformation Energieelastizität genannt.

Relaxationsprozesse der Hauptketten sind für den Glasübergang in Elastomeren verantwortlich. Die Verschiebung der Relaxationszeiten kann dabei durch einen Temperaturverschiebungsfaktor

$$a_T = \frac{\tau_i(T)}{\tau_i(T_{ref})} \tag{2.1}$$

beschrieben werden, wobei a_T bei einer Temperatur T den Faktor angibt, um den die Relaxationszeiten bei einer Bezugstemperatur T_{ref} verschoben werden müssen. Der Zusammenhang zwischen der Temperatur T und einer charakteristischen Relaxationszeit τ_i des Glasübergangs, deren Mechanismus mit einer Relaxationserscheinung der Hauptketten in Verbindung steht, wird durch die empirische Vogel-Fulcher-Tammann-Gleichung

$$\tau_i(T) = \tau_{i0} \exp\left(\frac{T_A}{T - T_V}\right) \tag{2.2}$$

beschrieben, siehe Strobl [128]. Die Temperaturen T_A und T_V sind materialabhängige Konstanten und werden als Aktivierungstemperatur und Vogel-Temperatur bezeichnet. Kombiniert man die Gleichungen (2.1) und (2.2), so erhält man den von Williams, Landel und Ferry [142] formulierten Zusammenhang

$$\log a_T = -\bar{C}_1 \frac{T - T_{ref}}{T - T_{ref} + \bar{C}_2} \tag{2.3}$$

mit

$$\bar{C}_1 = \log e \frac{T_A}{T_{ref} - T_V} \tag{2.4}$$

und

$$\bar{C}_2 = T_{ref} - T_V \tag{2.5}$$

zur Ermittlung des Verschiebungsfaktors a_T der Relaxationszeiten bei einer Temperatur T im Vergleich zu den Relaxationszeiten bei einer Referenztemperatur T_{ref}. Wählt man die Referenztemperatur T_{ref} im Bereich des Glasübergangs, so bewegen sich die Zahlenwerte der Konstanten $\bar{C}_1$ und $\bar{C}_2$ für alle Polymere im Bereich

$$\begin{aligned} \bar{C}_1 &= 14 \ldots 18, \\ \bar{C}_2 &= 30 \ldots 70\text{K}. \end{aligned} \tag{2.6}$$

Das Relaxationszeitspektrum eines Polymerwerkstoffes beziehungsweise das Retardationszeitspektrum als dessen inverse Formulierung kann zwar prinzipiell durch einen Spannungsrelaxations- beziehungsweise einen Kriechversuch bestimmt werden, jedoch erfolgt die praktische Bestimmung in der Regel anhand einer dynamisch-mechanischen Analyse. Ein Prüfkörper wird dabei einer oszillatorischen kleinen Deformation unterworfen. Je nach Experiment kann das eine einachsige Normaldeformation oder eine Scherdeformation sein. Daraus resultiert ein Verlauf der Verzerrung

$$\varepsilon(t) = \varepsilon_0 \cos \omega t, \tag{2.7}$$

wobei mit $\omega = 2\pi f$ die Kreisfrequenz und mit f die Frequenz bezeichnet werden. Der Verlauf der entsprechenden resultierenden Spannung σ im stationären Bereich, das heißt nach Abklingen der Einflüsse von Anfangsbedingungen, ist bei viskoelastischen Materialien phasenverschoben zur entsprechenden Verzerrung (2.7), das heißt

$$\sigma(t) = \sigma_0 \cos(\omega t + \delta). \tag{2.8}$$

Das Spannungssignal kann dabei durch

$$\sigma(t) = E' \varepsilon_0 \cos \omega t + E'' \varepsilon_0 \sin \omega t \tag{2.9}$$

in einen zur Deformation in Phase stehenden Anteil sowie einen entsprechend um einen Phasenwinkel von $\pi/2$ versetzten Anteil zerlegt werden. Dabei steht der Speichermodul

$$E' = \frac{\sigma_0}{\varepsilon_0} \cos \delta \tag{2.10}$$

für den elastischen Teil der Antwort und der Verlustmodul

$$E'' = \frac{\sigma_0}{\varepsilon_0} \sin \delta \tag{2.11}$$

für den viskosen Teil der Antwort. Sowohl der Speichermodul E' als auch der Verlustmodul E'' sind frequenzabhängige Größen. Das Verhältnis beider Moduli wird als Verlusttangens

$$\tan\delta = \frac{E''}{E'} \tag{2.12}$$

bezeichnet. Ist $\tan\delta \gg 1$, verhält sich die Probe wie eine viskose Flüssigkeit. Ist dagegen $\tan\delta \ll 1$, ergibt sich festkörperähnliches Verhalten. Rein elastische Proben reagieren verzögerungsfrei auf die angelegte Kraft, der Phasenwinkel ist $\delta = 0$. Sie schwingen verlustfrei. Rein viskose Proben erreichen ihr Deformationsmaximum im Nulldurchgang der Kraft. Der Phasenwinkel beträgt somit $\delta = \pi/2$. Die Anregungsenergie wird dabei vollständig in Wärme umgewandelt. Viskoelastische Materialien zeichnen sich dadurch aus, dass $0 \leq \delta \leq \pi/2$. Je größer der Phasenwinkel ist, desto ausgeprägter ist dabei der viskose Anteil.

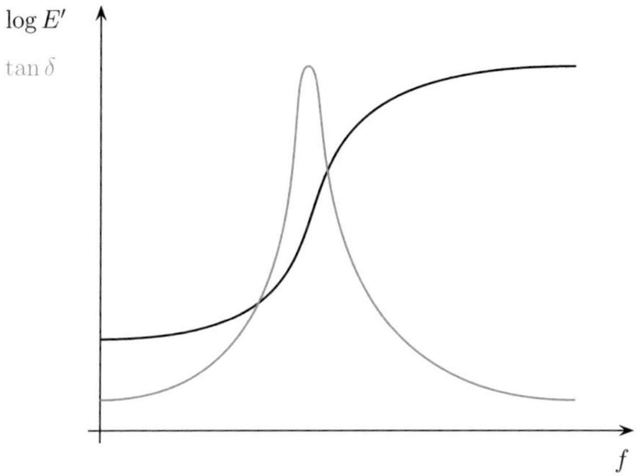

Abbildung 2.3: Schematischer Verlauf des Speichermoduls E' sowie des Verlusttangens $\tan\delta$ als Funktion der Frequenz f

Um den Verlauf des Speicher- und des Verlustmoduls in einem möglichst großen, jedoch messtechnisch nicht direkt zu realisierenden Frequenzbereich zu erhalten, findet wiederum das oben genannte Äquivalenzprinzip zwischen der Zeit beziehungsweise der Frequenz und der Temperatur seine Anwendung, indem dynamische Messungen in einem mit der Messapparatur zu realisierenden Frequenzbereich bei unterschiedlichen Temperaturen durchgeführt werden und anschließend zu einer sogenannten Masterkurve durch Verschiebung der einzelnen Messkurven nach den Gleichungen (2.1) und (2.3) zusammengesetzt werden. Ein typischer Verlauf der so definierten Größen für ein Elastomer ist in Abbildung 2.3 zu sehen. Man erkennt bei großen Frequenzen und bei kleinen Frequenzen ein näherungsweise elastisches Materialverhalten mit kleinem Verlustwinkel. Bei kleinen Frequenzen im entropieelastischen Bereich verhält sich das Material gummiartig, bei großen Frequenzen im energieelastischen Bereich verhält sich das Material glasartig. Im Bereich dazwischen, dem Glasübergangsbereich, ist der Verlustwinkel nicht mehr klein, hervorgerufen durch eine nicht mehr zu vernachlässigende viskoelastische Energiedissipation.

In Bezug auf die Prozesse, die mit der Rissausbreitung einhergehen, spielen nicht nur viskoelastische Eigenschaften der Polymermatrix sondern auch Inhomogenitäten ebendieser eine große Rolle. Inhomogenitäten des Polymernetzwerkes können dabei durch eine inhomogene Vernetzung entstehen. Des Weiteren sind bei Polymerblends, das heißt einer Mischung zweier oder mehrerer unterschiedlicher Polymere, die Ausbildung separierter Polymerphasen möglich. Ebenso gibt es eine Mikrophasenseparation bei Blockcopolymeren. Andere strukturelle Besonderheiten bei Elastomeren sind bei größeren Deformationen zu beobachten. Die Ausrichtung der Polymerkettenabschnitte rufen bei großen Deformationen eine ausgeprägte Anisotropie der Polymerketten hervor. Bei Naturkautschuk gibt es zudem die Besonderheit, dass sich dann dehnungsinduzierte Kristallite ausbilden und somit kristalline und amorphe Phasen nebeneinander existieren. Verarbeitungsbedingt können auf größeren Längenskalen ebenfalls Lufteinschlüsse im Material entstehen, die das bruchmechanische Verhalten wesentlich beeinflussen.

2.2 Füllstoffe

Elastomere werden zu ihrer Eigenschaftsverbesserung mit Füllstoffen verstärkt. Eine solche Zugabe von aktiven Füllstoffen führt durch die auftretenden Wechselwirkungen mit dem Polymer zu der gewünschten Verstärkung des Werkstoffes. Die wichtigsten aktiven kolloidalen Füllstoffe, die in Elastomeren eingesetzt werden, sind industriell hergestellter Ruß und gefällte Kieselsäure, auch als Silika bezeichnet. Solche aktiven Füllstoffe haben Primärpartikelgrößen von deutlichen unter 1 μm. Die kleinste stabile Einheit nach der Herstellung solcher Füllstoffe ist allerdings ein Aggregat, bestehend aus einer gewissen

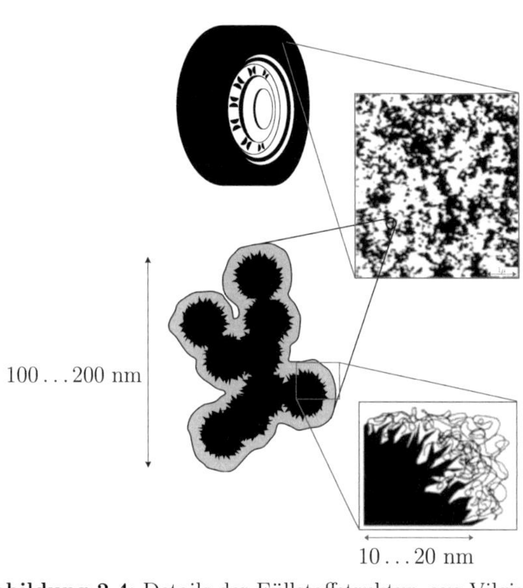

Abbildung 2.4: Details der Füllstoffstruktur, aus Vilgis et al. [137]

Anzahl von Primärpartikeln. Aufgrund ihrer rauen Oberfläche und der Oberflächenaktivität neigen diese Füllstoffe zur Agglomeration, das heißt mehrere Aggregate bilden fraktale Agglomerate einer Größenordnung bis hin zu makroskopischen Abmessungen. Füllt man die Elastomermatrix mit einem sehr hohen Füllstoffanteil, so bildet sich ein Perkolationsnetzwerk aus, siehe Abbildung 2.4.

Inwieweit derartige Füllstoffe eine Eigenschaftsverbesserung hervorrufen, hängt neben den Wechselwirkungen zwischen dem Polymer und dem Füllstoff auch von den Wechselwirkungen zwischen den Füllstoffen ab. Das Ausmaß dieser Wechselwirkungen ist dabei zum Beispiel abhängig vom Polymertyp, von der Art und dem Anteil des Füllstoffes im Werkstoff sowie von der Verarbeitung und den eingesetzten Kopplungsmitteln zur Verbesserung der Wechselwirkungen zwischen Polymer und Füllstoff. Diese Wechselwirkungen werden im Wesentlichen durch die Grenzfläche zwischen beiden Phasen bestimmt und hängen von der Kontaktfläche, das heißt der spezifische Oberfläche, und der Oberflächenaktivität des Füllstoffes in Form funktioneller Gruppen und freier Radikale ab. Die Adsorption der Molekülketten an die Füllstoffoberfläche kann chemisch oder physikalisch erfolgen. Bei der Zugabe von Ruß als aktivem Füllstoff existieren starke physikalische Wechselwirkungen zwischen Kettensegmenten des Polymers und den Adsorptionszentren, den sogenannten aktiven Zentren auf der energetisch und morphologisch heterogenen Oberfläche des Füllstoffes. Die Menge an adsorbierten Polymeren pro Masseeinheit des Füllstoffes steigt mit dessen spezifischer Oberfläche. Beide Wechselwirkungen, die zwischen Polymer und Füllstoff und die zwischen Füllstoff und Füllstoff, schränken die Beweglichkeit der Polymerketten in der Nähe der Füllstoffoberfläche ein und umfassen Van-der-Waals-Kräfte, Wasserstoffbrückenbindungen oder chemische Bindungen. Diese Wechselwirkungen führen zu einer Verlangsamung der Polymerkettendynamik aufgrund der Adsorption von Poly-

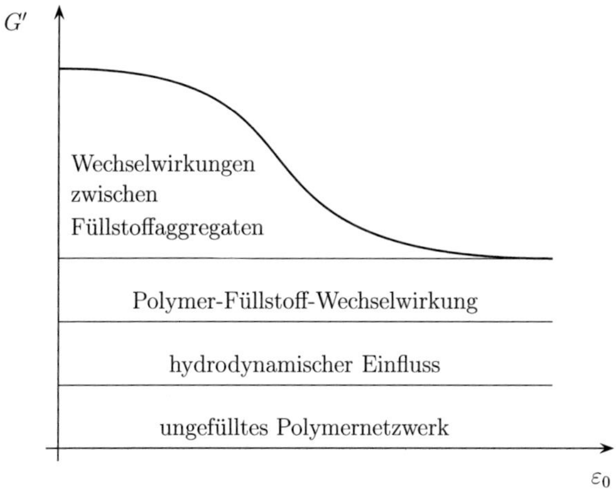

Abbildung 2.5: Payne-Effekt in hochgefüllten Elastomeren. Eine Amplitudenvariation zeigt bei einer dynamisch-mechanischen Analyse mit konstanter Frequenz einen Abfall des Speichermoduls, der durch eine Zerstörung des Rußnetzwerks verursacht wird.

merketten, siehe Vilgis [136]. Dieser Anteil des Polymers in der Nähe von Füllstoffen wird als gebundenes Polymer bezeichnet, dessen Schichtdicke um die Füllstoffpartikel nur wenige Nanometer beträgt. Betrachtet man das Relaxationszeitspektrum des Elastomerwerkstoffes, so äußert sich die Ausbildung einer solchen immobilisierten Polymerschicht in einem verbreiterten Glasübergang, siehe Klüppel [64].

Neben der Erhöhung der Materialsteifigkeit durch die Zugabe von harten Füllstoffen in eine weiche Elastomermatrix, sind eine Reihe von physikalischen Nichtlinearitäten infolge der Verstärkung zu beobachten. Ein Effekt, welcher in der Literatur nach Payne [101] benannt wird, kann beobachtet werden, wenn der Speichermodul eines hochgefüllten, mit einer konstanten Frequenz zyklisch belasteten Elastomerwerkstoffes in Abhängigkeit von der Verzerrungsamplitude ε_0 betrachtet wird. Im Bereich von Verzerrungsamplituden zwischen $0,1\%$ und 10% verringert sich der Speichermodul beträchtlich, siehe Abbildung 2.5. In diesem Bereich zeigt sich ein Maximum beim Verlustmodul. Dieses Phänomen ist jedoch nur bei ausreichend hohem Anteil an Füllstoffen im Werkstoff zu beobachten. In ungefüllten Elastomeren ist diese Abhängigkeit nicht zu beobachten. Physikalisch wird die Ursache des Payne-Effektes mit einer deformationsinduzierten Änderung der Werkstoffstruktur in Verbindung gebracht. Während bei sehr kleinen Amplituden die mechanische Antwort durch das mechanische Verhalten des Rußnetzwerkes bestimmt wird, so wird dieses mit steigender Amplitude zerstört. Als Folge dessen wird das mechanische Verhalten bei größeren Amplituden durch das entropieelastische Verhalten der polymeren Matrix bestimmt, siehe Wang und Robertson [139]. Die Zerstörung des Rußnetzwerkes geht mit einer irreversiblen Reduktion der Wechselwirkungen zwischen unterschiedlichen Füllstoffclustern einher, siehe Klüppel [64].

Ähnlichkeiten zum Payne-Effekt, der bei kleinen Deformationsamplituden beobachtet werden kann, sind auch bei dem nach Mullins [93] benannten Effekt bei großen Defor-

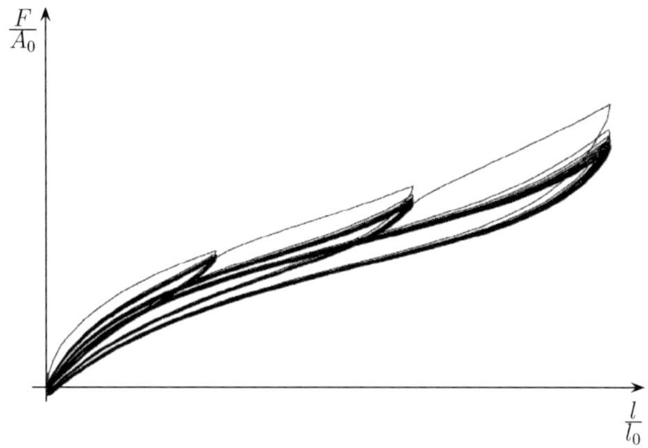

Abbildung 2.6: Mullins-Effekt bei zyklisch belasteten gefüllten Elastomeren, in Anlehnung an Lion [76]. Nach dem jeweils ersten Zyklus bei einer vorgegebenen Amplitude der Streckung l/l_0 findet eine Entfestigung statt. Nachfolgende Zyklen erreichen nicht mehr die Werte der Kraft F des ersten Zyklus bezogen auf die unverformte Querschnittsfläche A_0.

mationen zu beobachten. Unterwirft man neue, zuvor unbeanspruchte Elastomerproben einer zyklischen quasistatischen Belastung, so beobachtet man eine starke Entfestigung nach dem ersten Zyklus, siehe Abbildung 2.6. Eine solche Entfestigung tritt in der Folge wieder auf, wenn die Belastungsamplitude über der, aller vorhergehenden Belastungsamplituden liegt. Die Ursache für diese Entfestigung ist nach breiter Übereinstimmung in der Literatur in der Zerstörung von schwachen physikalischen Bindungen im Laufe des Deformationsprozesses zu sehen. Über den Vorgang im Detail gibt es allerdings unterschiedliche Auffassungen. Der Mullins-Effekt wird oft als Konsequenz aus dem Reißen und dem Wiederverbinden von Ketten angesehen. Es wird vermutet, dass Wechselwirkungen zwischen dem Füllstoff und dem Matrixmaterial sowie zwischen Füllstoffen untereinander einen großen Einfluss auf diesen Effekt haben. Obwohl eine solche Entfestigung auch manchmal in ungefüllten kristallisierenden Elastomeren zu beobachten ist, tritt sie bei Anwesenheit von Füllstoffen besonders deutlich zu Tage. Der Mullins-Effekt ist, im Gegensatz zum Payne-Effekt, unter Zufuhr von Wärme und ausreichend langen Zeiten reversibel. Die auch nach vielen Zyklen mit einer konstanten Amplitude zu beobachtenden Hystereseschleifen, siehe Abbildung 2.6, deuten auf eine weitere füllstoffinduzierte Dissipationserscheinung hin. Klüppel [64] stellte dabei den Bezug zur Zerstörung von Füllstoffclustern mit bereits reduzierten Wechselwirkungen zwischen benachbarten Clustern mit steigender Beanspruchung sowie deren Reaggregation mit sinkender Beanspruchung her. Für weitere Details zum Mullins-Effekt wird auf Diani et al. [22] verwiesen.

Kapitel 3

Modelle zur Beschreibung des mechanischen Verhaltens

Bei der Modellierung des mechanischen Verhaltens von Elastomeren wird das Augenmerk in der Regel auf drei wesentliche Einflüsse gelegt. Dies sind einerseits die aus der Entropieelastizität resultierende Fähigkeit zu großen elastischen Deformationen bei quasistatischer Belastung, andererseits sind viskoelastische Einflüsse aufgrund von Relaxationsprozessen bei nichtquasistatischer Belastung zu berücksichtigen. Ist der jeweilige Elastomerwerkstoff gefüllt, wie es bei praktischen Anwendungen meist der Fall ist, so sind die dadurch auftretenden füllstoffinduzierten Dissipationserscheinungen in der Modellierung zu berücksichtigen.

Hinsichtlich eines physikalischen Verständnisses sind Ansätze basierend auf der statistischen Mechanik beziehungsweise der Mikromechanik besonders hervorzuheben, da sie einen direkten Zugang zu Strukturdetails des jeweiligen Werkstoffs erlauben. Daneben existieren jedoch auch rein phänomenologische oder physikalisch motivierte Ansätze zur Beschreibung des mechanischen Verhaltens im Rahmen der nichtlinearen Kontinuumsmechanik. Sie kommen vorwiegend zur Anwendung bei der Beschreibung des Spannungs-Verzerrungs-Verhaltens mit möglichst wenig freien Parametern. Zwar wird mit diesen phänomenologischen Modellen kein konkreter Bezug zur Werkstoffstruktur hergestellt, doch erlauben diese Modelle mit nur wenigen freien Parametern die Behandlung komplizierter Randwertprobleme wie zum Beispiel die Berechnung inhomogener Zuständen in Bauteilen. Im Folgenden werden die Modellvorstellungen in Grundzügen erläutert. Dabei werden die Modelle, die in der vorliegenden Arbeit verwendet werden beziehungsweise die einem physikalischen Verständnis der zugrunde liegenden Prozesse dienen, ausführlicher behandelt.

3.1 Elastizität

Wie schon im vorangegangen Kapitel angedeutet wurde, besteht der grundlegende Mechanismus, der für die Fähigkeit von Elastomeren zu großen Deformationen verantwortlich ist, in der Entropieelastizität, das heißt der Entknäulung und Orientierung von Polymerketten unter einer äußeren Krafteinwirkung. Die Ketten nehmen somit einen geordneteren Zustand geringerer Entropie im Vergleich zum geknäulten Gleichgewichtszustand ohne Krafteinwirkung ein und die rücktreibende Kraft besteht in der Maximierung der Entropie.

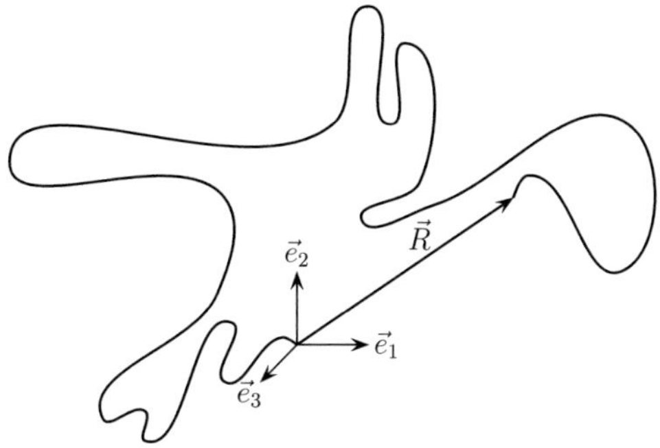

Abbildung 3.1: Idealisierung einer Einzelkette zur Beschreibung der Konformationsstatistik mit ihrem Endenabstandsvektor $\vec{R}$

Polymerkettenabschnitte können demnach auf mesoskopischen Längenskalen als entropische Federn dargestellt werden. Diese Grundidee kann auf Netzwerke entropischer Federn ausgedehnt werden, wobei unterschiedliche topologische Einschränkungen der Polymerkette zu unterschiedlichen Netzwerkmodellen führen. Ein Vorteil einer solchen statistisch-mechanischen Herangehensweise in Form einer Kettenstatistik ist die molekulare Interpretationsmöglichkeit, die bei einer rein phänomenologischen Beschreibung nicht gegeben ist. Jedoch sind phänomenologische Ansätze mit wenigen Parametern in vielen Fällen ausreichend, wenn es um die reine Beschreibung des Spannungs-Verzerrungs-Verhaltens eines Elastomerwerkstoffes geht.

3.1.1 Thermodynamik der Entropieelastizität

Die Beweglichkeit einer Polymerkette resultiert hauptsächlich aus der freien Drehbarkeit der Bindungen entlang der Hauptkette. Eine Polymerkette ist in der Lage, angeregt durch Wärmestöße ihrer Umgebung, unterschiedliche Konformationen mit bestimmten Wahrscheinlichkeiten einzunehmen. Üblicherweise beschränkt man sich darauf, eine solche Polymerkette auf einer vergröberten Skale darzustellen, siehe Abbildung 3.1. Dabei werden, in Abhängigkeit von der Steifigkeit der Polymerkette, ausreichend viele Monomere zu einer statistischen Einheit, einem Kuhn-Segment, zusammengefasst, die notwendig sind, damit die Verbindungsvektoren zwischen den Anfangs- und Endpunkten dieser Segmente frei gegeneinander drehbar und nicht korreliert sind. Eine Konformation der gesamten Kette lässt sich dann in erster Näherung als Irrflugkette, siehe Doi und Edwards [23] mit zufälliger Abfolge (englisch: random walk) von solchen unabhängigen Segmentvektoren idealisieren. Eine solche Kette besteht somit aus N_l Segmenten der Länge a_l. Es existieren in einer solchen idealen Kette keine Wechselwirkungen zwischen unterschiedlichen Einheiten innerhalb einer Kette.

Das mechanische Verhalten einer einzelnen Kette kann im Rahmen einer Konformationsstatistik beschrieben werden, siehe auch Strobl [128]. Der über alle Konformationen gemittelte Endenabstand einer solchen Irrflugkette ist Null. Jedoch gibt es bevorzugte Konformationen. Daher wird der mittlere quadratische Endenabstand $\vec{R}^2$ betrachtet, der in diesem Fall

$$\left\langle \vec{R}^2 \right\rangle = N_l\, a_l^2 \tag{3.1}$$

beträgt. In Gleichung (3.1) bedeutet $\langle \ldots \rangle$ eine Mittelung über alle Konformationen der Kette. Der Kettenendenabstand kann bei ausreichend langen Ketten, das heißt für $N_l \gg 1$, durch eine Gauß-Verteilung mit der isotropen Wahrscheinlichkeitsdichtefunktion

$$p(\vec{R}) = \left(\frac{3}{2\pi N_l\, a_l^2} \right)^{3/2} \exp\left(-\frac{3R^2}{2N_l\, a_l^2} \right) \tag{3.2}$$

mit $R = |\vec{R}|$ beschrieben werden.

Nach Boltzmann ist die Entropie eines Makrozustandes proportional zum natürlichen Logarithmus der Anzahl seiner Mikrozustände als Maß seiner Unordnung. Die Entropie einer Einzelkette kann daher mittels

$$S = k_B \ln p(\vec{R}) \tag{3.3}$$

in Abhängigkeit von Endenabstand berechnet werden. Mit $k_B = 1,3807 \cdot 10^{-23} J/K$ wird die Boltzmann-Konstante bezeichnet. Unter der Annahme nicht zu großer Deformationen, das heißt für $R \ll N_l\, a_l = R_{max}$, folgt für die Entropie einer Polymerkette

$$S(\vec{R}) = -\frac{3k_B}{2N_l\, a_l^2} R^2 + S(0). \tag{3.4}$$

Die freie Energie einer Polymerkette ist durch

$$W = U - TS \tag{3.5}$$

mit U als der inneren Energie und der absoluten Temperatur T definiert. Die für eine Auslenkung der Polymerkette notwendige Kraft $\vec{F}$ kann somit durch

$$\vec{F}(\vec{R}) = \frac{\partial W}{\partial \vec{R}} = \frac{\partial U}{\partial \vec{R}} - T\frac{\partial S}{\partial \vec{R}} \tag{3.6}$$

berechnet werden. Wird der Fall der idealen Entropieelastizität angenommen, so führt eine Deformation nur zu einer Entropieänderung und nicht zu einer Änderung der inneren Energie, so dass die innere Energie U der Kette nicht von $\vec{R}$ abhängt. Die Kraft, die notwendig ist um einen Endenabstandsvektor $\vec{R}$ zu halten, ist somit rein entropischer Natur. Unter Berücksichtigung der Gleichungen (3.4) und (3.6) ergibt sich dann

$$\vec{F} = \frac{3k_B T}{N_l\, a_l^2} \vec{R}. \tag{3.7}$$

Eine Polymerkette verhält sich somit auf Längenskalen größer als das Kuhn-Segment wie eine entropische lineare Feder mit der Federsteifigkeit $(3k_B T / N_l\, a_l^2)$. Die Zugkraft $\vec{F}$ wirkt der Tendenz zur Bildung eines Knäuels entgegen.

Es bleibt anzumerken, dass vorangegangene Betrachtungen nur gültig für kleine Verstreckungen sind. Bei sehr großen Verstreckungen nahe der endlichen Verstreckbarkeit $R_{max} = N_l\, a_l$ steigt die Kraft jedoch stärker an, als dies durch Gleichung (3.7) beschrieben wird. Modelle, wie zum Beispiel das der Langevin-Kette, siehe Kuhn und Grün [70], die dieses Verhalten auf Kettenniveau beschreiben, zeigen eine Divergenz bei der maximalen Verstreckbarkeit der Polymerkette, siehe Abbildung 3.2. Die Kraft, die notwendig ist, um einen bestimmten Betrag der Verstreckung R einer Langevin-Kette beizubehalten, leitet sich entsprechend Gleichung (3.6) aus der freien Energie

$$W(R) = k_B T N_l \left(\frac{\beta}{N_l\, a_l} R + \ln \frac{\beta}{\sinh \beta} \right) \tag{3.8}$$

mit

$$\beta = \mathfrak{L}^{-1} \left(\frac{R}{N_l\, a_l} \right) \tag{3.9}$$

ab. Dabei ist

$$\mathfrak{L} = \coth \beta - \frac{1}{\beta} = \frac{R}{N_l\, a_l} \tag{3.10}$$

die sogenannte Langevin-Funktion des Argumentes β. Nach Kuhn und Grün [70] kann die inverse Langevin-Funktion in Form einer Reihenentwicklung

$$\beta = 3 \frac{R}{N_l\, a_l} + \frac{9}{5} \left(\frac{R}{N_l\, a_l} \right)^3 + \frac{297}{175} \left(\frac{R}{N_l\, a_l} \right)^5 + \frac{1539}{875} \left(\frac{R}{N_l\, a_l} \right)^7 + \ldots \tag{3.11}$$

angegeben werden.

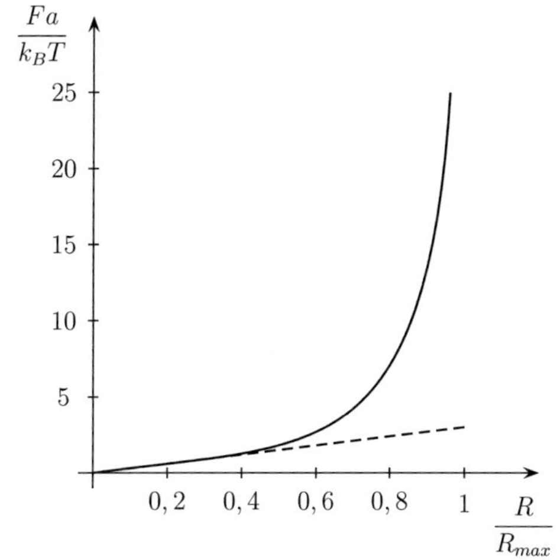

Abbildung 3.2: Vergleich des Deformationsverhaltens einer linearen Gauß-Kette mit dem einer Langevin-Kette

3.1.2 Molekulare Netzwerkmodelle

In einem Elastomer bilden die kovalent verknüpften Einzelketten ein dreidimensionales weitmaschiges Netzwerk geknäulter Polymerketten. Die makroskopischen Eigenschaften setzen sich somit aus dem Zusammenwirken der Eigenschaften der Einzelketten zusammen. Nimmt man an, dass die Polymerketten bei einer Deformation nicht zu stark verstreckt werden, so kann die Änderung der freien Energie einer Polymerkette in Abhängigkeit vom Kettenabstand auf Längenskalen größer als das Kuhn-Segment über eine lineare Feder mit der Federkonstante

$$k_R = \frac{3k_BT}{N_l\, a_l^2} \tag{3.12}$$

beschrieben werden. Verbindet man derartige entropische Federn miteinander zu einem Netzwerk, so bilden die darauf basierenden Modelle mehr oder weniger gut das quasistatische mechanische Verhalten von Elastomeren oberhalb der Glastemperatur ab. Entsprechend den topologischen Einschränkungen, die dabei in der Modellbeschreibung Beachtung finden, unterscheiden sich die verschiedenen Netzwerkmodelle voneinander. Derartige Netzwerkmodelle erlauben die Beschreibung des makroskopischen Verhaltens von Elastomeren auf Basis der Konformationsstatistik im Rahmen der statistischen Mechanik. Sie basieren auf der Annahme, dass jede Netzwerkkette anteilig zur Deformation des gesamten Netzwerkes beiträgt. Aus diesen Betrachtungen wird jeweils eine funktionale Beziehung für die elastische Verzerrungsenergiedichte abgeleitet, aus der durch Ableitung nach den Verzerrungen ein Spannungstensor ermittelt werden kann.

Das einfachste Modell dieser Klasse ist das affine Netzwerkmodell von Wall und Flory [138]. Im affinen Netzwerk wird angenommen, dass die Positionen aller Vernetzungspunkte räumlich fixiert sind und sich affin mit der makroskopischen Form des Körpers bei dessen Deformation verändern. Die Änderung der Entropie des gesamten Netzwerkes bei Deformation ist demnach gleich der Summe der Entropieänderungen aller Netzwerkstränge. Die elastische Verzerrungsenergiedichte W^* basierend auf den Entropieeinflüssen bei einer um die Streckfaktoren λ_1, λ_2 und λ_3 in den drei Hauptrichtungen ausgeübten Deformation ist somit

$$W^* = \frac{G}{2}\left(\lambda_1^2 + \lambda_2^2 + \lambda_3^2 - 3\right), \tag{3.13}$$

mit dem Schermodul

$$G = n_N k_B T \tag{3.14}$$

wobei n_N die Netzwerkdichte, das heißt die Anzahl der elastisch aktiven Netzwerkstränge pro Volumen ist.

Das Phantom-Netzwerk von James und Guth [61] ist eine Verfeinerung des affinen Netzwerkmodells. Im Gegensatz zum affinen Netzwerkmodell können hier die Vernetzungspunkte um eine mittlere Position frei fluktuieren. Diese Fluktuationen der Vernetzungspunkte führt zu einer Erniedrigung der freien Energie des Systems. Aus diesen Überlegungen ergibt sich der Schermodul zu

$$G = \frac{f_N - 2}{f_N} n_N k_B T, \tag{3.15}$$

wobei der Schermodul nun auch von der Funktionalität f_N der Vernetzungsstellen abhängt und zu einem um einen Faktor $(f_N - 2)/f_N$ geringeren Modul im Vergleich zum affinen Netzwerkmodell führt.

Flory [31] schlug ein Modell vor, bei dem eine behinderte Fluktuation der Knotenpunkte erlaubt war. Beide zuvor vorgestellten Modelle stellen dabei Extremfälle dieses Modells der behinderten Netzknotenfluktuationen (englisch: constraint junction) dar. Dabei wurden Verhakungseffekte innerhalb des Netzwerkes durch Einschränkungen der Netzknotenfluktuationen berücksichtigt. In realen Netzwerken gibt es zusätzlich zu den Vernetzungspunkten an den Kettenenden der Netzwerkketten noch topologische Beschränkungen durch Verhakungen und eingefangene Verschlaufungen aufgrund anderer Polymerketten. Verschlaufungen und Verhakungen sind demnach in ihrer Wirkung in Bezug auf Deformationen ähnlich den Vernetzungspunkten.

Eine Berücksichtigung der Undurchdringbarkeit der Netzketten gelingt im Rahmen des erweiterterten Röhrenmodells, nach Heinrich et al. [49]. Die Grundidee einer Konformationsröhre wurde erstmals von Edwards [24] formuliert. Jede Kette spürt dabei ein mittleres Feld, das die topologische Behinderung durch die anderen Ketten effektiv erfasst. Die Anzahl der möglichen Konformationen einer Kette wird durch diese topologischen Behinderungen eingeschränkt. Realisierbare Konformationen sind dann nur in der Nähe einer mittleren Kettenkonformation zu erwarten, was zu einer reduzierten Entropie der Kette führt. Die elastische Verzerrungsenergiedichte W^* wird im erweiterten Röhrenmodell durch die freie Energiedichte, bestehend aus zwei Anteilen

$$\begin{aligned} W^* &= W_c^* + W_e^* \\ &= \frac{G_c}{2}\left[\frac{\left(1-\delta_f^2\right)\left(\sum_{i=1}^3 \lambda_i^2 - 3\right)}{1-\delta_f^2\left(\sum_{i=1}^3 \lambda_i^2 - 3\right)} + \ln\left(1-\delta_f^2\left(\sum_{i=1}^3 \lambda_i^2 - 3\right)\right)\right] \\ &\quad + \frac{2G_e}{\beta_e^2}\left(\sum_{i=1}^3 \lambda_i^2 - 3\right) \end{aligned} \tag{3.16}$$

beschrieben. Der erste, mit W_c^* bezeichnete Anteil ist dabei auf den Einfluss der chemischen Vernetzung zurückzuführen. Mit W_e^* ist der mit den topologischen Behinderungen assoziierte Anteil. Demzufolge ergibt sich der Gesamtschubmodul des Polymernetzwerkes zu

$$G = G_c + G_e. \tag{3.17}$$

Der Parameter β_e in Gleichung (3.16) erfasst eine Veränderung der topologischen Behinderungen nach erfolgter Deformation. Der mittlere Radius d_i der Konformationsröhre hängt dabei von der äußeren Deformation gemäß einem Potenzgesetz

$$d_i = d_{i,0}\lambda_i^{\beta_e/2} \tag{3.18}$$

ab, siehe auch Edwards und Vilgis [25] und Heinrich et al. [49]. Der Parameter δ_f erfasst den Effekt der endlichen Netzkettenverstreckung, der zu einer Divergenz der Kraft bei einer maximalen Verstreckung führt, siehe Edwards und Vilgis [25]. Im Grenzfall einer unendlich langen Polymerkette ist $\delta_f = 0$, das heißt die endliche Dehnbarkeit der Polymerketten wird in diesem Fall vernachlässigt. In diesem Fall nimmt der Beitrag W^* die aus einer Gaußschen Netzwerktheorie hergeleitete Form, siehe Gleichung (3.13), an. Für eine detailliertere Beschreibung des Modells wird auf Heinrich et al. [49] verwiesen.

3.1.3 Phänomenologische Modelle

Neben den Netzwerkmodellen werden im Rahmen der Kontinuumsmechanik vorwiegend phänomenologische hyperelastische Modelle zur Beschreibung des elastischen Deformationsverhaltens von Elastomeren verwendet. Dabei geht man von einem isotropen Deformationsverhalten aus und formuliert eine geeignete Verzerrungsenergiefunktion, basierend entweder auf den Invarianten eines Verzerrungstensors oder auf den Hauptstreckungen λ_i.

Die invariantenbasierte Formulierung eines hyperelastischen Materialverhaltens wird dabei durch

$$W^* = W^*(I_1^b, I_2^b, I_3^b) \tag{3.19}$$

ausgedrückt, wobei die Invarianten

$$\begin{aligned} I_1^b &= \lambda_1^2 + \lambda_2^2 + \lambda_3^2, \\ I_2^b &= \lambda_1^2\lambda_2^2 + \lambda_2^2\lambda_3^2 + \lambda_1^2\lambda_3^2, \\ I_3^b &= \lambda_1^2\lambda_2^2\lambda_3^2 \end{aligned} \tag{3.20}$$

die des linken Cauchy-Green-Verzerrungstensors

$$b_{ij} = \frac{\partial x_i}{\partial X_k}\frac{\partial x_j}{\partial X_k} \tag{3.21}$$

sind. Dabei sind x_i die Koordinaten des aktuellen Ortsvektor eines materiellen Teilchens des Kontinuums mit seinen Koordinaten X_i in einer Referenzkonfiguration. Näheres zur nichtlinearen Kontinuumsmechanik kann zum Beispiel Zienkiewicz und Taylor [143] entnommen werden.

Elastomere zeigen oberhalb der Glasübergangstemperatur ein nahezu inkompressibles Materialverhalten, da ihr Kompressionsmodul mehrere Größenordnungen größer ist als ihr Schermodul. Daher geht man in der Regel von einem inkompressiblen Materialverhalten aus, was zu

$$I_3^b = 1 \tag{3.22}$$

führt. Demzufolge wird ein geeigneter Ansatz

$$W^* = W^*(I_1^b, I_2^b) \tag{3.23}$$

gesucht, welcher das elastische Deformationsverhalten von Elastomeren oberhalb der Glasübergangstemperatur bei quasistatischer Beanspruchung beschreibt. Als einfachste Ansätze sind der Neo-Hookesche Ansatz

$$W^* = C_{01}(I_1^b - 3) \tag{3.24}$$

und der Ansatz nach Mooney-Rivlin

$$W^* = C_{01}(I_1^b - 3) + C_{10}(I_2^b - 3), \tag{3.25}$$

siehe Mooney [91], genannt. Dabei sind C_{01} und C_{10} freie Parameter des Materialmodells. Es ist anzumerken, dass das Neo-Hooke-Modell, beschrieben durch Gleichung (3.24), äquivalent zum affinen Netzwerkmodell ist.

Ein Modell, welches auf phänomenologische Weise versucht, die Versteifung bei großen Verstreckungen zu beschreiben, ist das Modell nach Gent [34]

$$W^* = -\frac{E_G}{6} \ln \left[1 - \frac{I_1^b - 3}{J_M} \right] \tag{3.26}$$

mit den freien Parametern E_G sowie J_M als einem Maximalwert für $(I_1^b - 3)$.

Alternativ zu den auf Invarianten basierenden Formulierungen können auch Ansätze für die Hauptstreckungen verwendet werden. Ein Beispiel hierfür ist das nach Ogden [99] benannte Modell

$$W^* = \sum_n \frac{m_n}{a_n} (\lambda_1^{a_n} + \lambda_2^{a_n} + \lambda_3^{a_n} - 3) \tag{3.27}$$

mit den freien Parametern m_n und a_n.

Für weitere phänomenologische Ansätze zur Beschreibung des elastischen Verformungsverhaltens von Elastomeren wird auf Böl [8] verwiesen.

3.2 Viskoelastizität

Werden Polymerketten beansprucht, so reagieren sie in erster Näherung zuerst durch eine energieelastische Deformation. Erst danach relaxieren sie, was sich in typischen viskoelastischen Eigenschaften wiederspiegelt und die großen Formänderungen von Elastomeren erst ermöglicht. Für das Verständnis dieser Relaxationsprozesse spielt insbesondere die mikroskopische Beschreibung der Kettendynamik durch das Rouse-Modell eine besondere Rolle. Daneben werden unterschiedliche phänomenologische Ansätze zur Beschreibung des viskoelastischen Deformationsverhaltens vorgestellt. Es zeigt sich, dass das Rouse-Modell äquivalent zum phänomenologischen verallgemeinerten Maxwell-Modell ist und so eine mikroskopische Interpretation makroskopischer Daten hinsichtlich bestimmter Relaxationsmechanismen ermöglicht.

3.2.1 Rouse-Modell

Von Rouse [116] wurde ein Modell vorgestellt, das die Kettendynamik unverschlaufter Polymere auf mesoskopischen Längenskalen beschreibt. Im Rahmen des Modells wird das dynamische Verhalten einer einzelnen Polymerkette betrachtet. Diese wird in Segmente zerlegt, die so groß sind, dass sie als Gaußsche Ketten beschrieben werden können. Die Wechselwirkungen mit anderen Polymerketten der Umgebung werden einerseits über einen als isotrop angenommenen effektiven Reibungskoeffizienten ζ_R, andererseits über eine stochastische unkorrelierte Anregung $\vec{f}_j$ des j-ten Segmentes beschrieben. Der Reibungskoeffizient ζ_R und die stochastische Kraft $\vec{f}_j$ sind über das Fluktuations-Dissipations-Theorem, siehe Callen und Welton [18],

$$\left\langle \vec{f}_j \right\rangle = 0, \tag{3.28}$$

$$\left\langle \vec{f}_i(t) \vec{f}_j(t') \right\rangle = 6\, \zeta_R\, k_B T\ \delta(t - t')\, \delta_{ij} \tag{3.29}$$

miteinander gekoppelt. Dabei ist $\delta(\ldots)$ die Delta-Funktion, siehe Bronstein et al. [16].

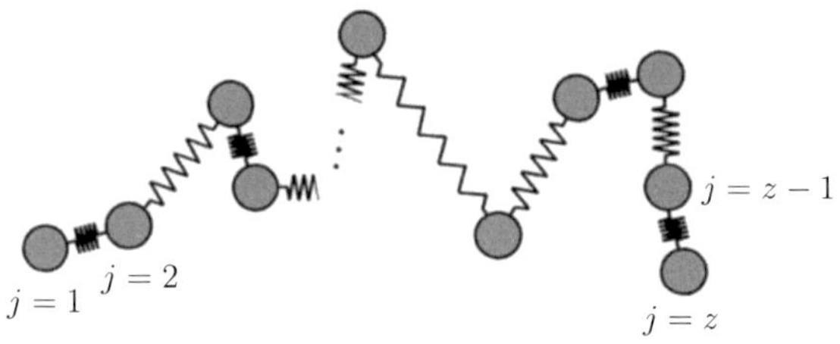

Abbildung 3.3: Rouse-Kette bestehend aus z Massen, die durch $(z-1)$ lineare entropische Federn miteinander verbunden sind, nach Strobl [128]

Für die Bewegung einer Rouse-Kette sind vor allem die viskosen Kräfte dominant, die Trägheitsterme können demnach vernachlässigt werden. Eine Polymerkette wird somit als gedämpftes Feder-Masse-System betrachtet. Es besteht aus z Massen, die durch $(z-1)$ lineare entropische Federn mit der Federsteifigkeit $k_R = (3k_BT)/N_l\, a_l^2$ miteinander verbunden sind, siehe Abbildung 3.3. Die Bewegungsgleichungen der einzelnen Kettensegmente werden durch die Langevin-Gleichungen

$$\zeta_R \frac{d\vec{x}_j}{dt} = -k_R(2\vec{x}_j - \vec{x}_{j+1} + \vec{x}_{j-1}) + \vec{f}_j \tag{3.30}$$

für alle inneren Segmente $2 < j < (z-1)$ und

$$\zeta_R \frac{d\vec{x}_1}{dt} = -k_R(\vec{x}_1 - \vec{x}_2) + \vec{f}_1, \tag{3.31}$$

$$\zeta_R \frac{d\vec{x}_z}{dt} = -k_R(\vec{x}_z - \vec{x}_{z-1}) + \vec{f}_z(t) \tag{3.32}$$

für den Fall freier Kettenenden beschrieben. Dabei ist x_j die Verschiebung der j-ten Masse aus ihrer Gleichgewichtsposition, siehe zum Beispiel Pütz [108].

Eine Hauptachsentransformation ermöglicht eine entkoppelte Beschreibung der Bewegungsgleichungen in Normalkoordinaten. Da alle Raumrichtungen gleichberechtigt zu behandeln sind, wird die Bewegung einer Rouse-Kette somit als Superposition von z unabhängigen Rouse-Moden, charakterisiert durch ihre Eigenwerte und Eigenvektoren, beschrieben. Die Dynamik der Kette ist somit durch die zeitliche Korrelation der z Relaxationsmoden

$$\langle y_{pi}(t) y_{qj}(0) \rangle = \delta_{ij}\delta_{pq} \frac{k_BT}{k_p} \exp -\frac{k_p}{\zeta} t \tag{3.33}$$

mit den Eigenwerten

$$k_p = 4k_R \sin^2\left(\frac{p\pi}{2z}\right) \tag{3.34}$$

gegeben. Dabei stehen die Indizes p und i in den Hauptkoordinaten y_{pi} für den p-ten Eigenwert und die Koordinate i des Ortsvektors im Hauptachsenkoordinatensystem. Es ist zu beachten, dass die kleinste Mode einer freien Kette, das heißt für $p = 0$, der Translation des Schwerpunktes zugeordnet werden kann. Es gibt somit $(z-1)$ Rouse-Moden, die die interne Dynamik der Kettensegmente beschreiben. Die Wechselwirkung einer Polymerkette mit seiner Umgebung führt zu zeitlich zufälligen Anregungen der Rouse-Moden, deren Amplituden jeweils ein mit einer charakteristischen Relaxationszeit

$$\tau_j = \left(\frac{4k_R}{\zeta_R}\sin^2\left(\frac{j\pi}{2z}\right)\right)^{-1} \tag{3.35}$$

exponentiell abklingendes Verhalten zeigen.

Das Fluktuations-Dissipationstheorem stellt eine Verbindung zwischen den Spannungsfluktuationen im thermischen Gleichgewicht in ein Subsystem mit c_p Rouse-Ketten und dem makroskopischen Schermodul G her. Dieser ergibt sich in der Folge aus

$$G(t) = c_p k_B T \sum_{j=1}^{z-1} \exp\left(-2\frac{t}{\tau_j}\right), \tag{3.36}$$

siehe Strobl [128].

Betrachtet man die Approximation von Gleichung (3.36) für Rouse-Moden niedriger Ordnung sowie den Übergang von einer Summe zu einem Integral, siehe Strobl [128], so erhält man für den Schermodul

$$G(t) \propto t^{-\frac{1}{2}}, \tag{3.37}$$

was sich in einem exponentiellen Abfall des Relaxationszeitspektrums mit einem charakteristischen Exponenten von $s_H = 1/2$ äußert, siehe auch Gleichung (6.14) in Abschnitt 6.2.2 für dessen Einfluss auf bruchmechanische Kenngrößen.

In Bezug auf bruchmechanische Fragestellungen muss allerdings angemerkt werden, dass eine aus der Gaußschen Statistik resultierende lineare Feder, beschrieben durch ein harmonisches Potential, nicht die Verhältnisse bei großen Verstreckungen wiedergibt. Derartige Potentiale lassen keine endliche Verstreckbarkeit zu. Um die endliche Verstreckbarkeit der Kette zu gewährleisten, benutzen Febbo et al. [30] als Alternative zur Langevin-Kette, siehe Gleichung (3.8), ein FENE-Potential (englisch: finite extensible nonlinear elastic)

$$W = -\frac{3}{2}\frac{k_B T}{N_l\, a_l^2} R_{max}^2 \ln\left(1 - \frac{R^2}{R_{max}^2}\right) \tag{3.38}$$

zur Beschreibung der nichtlinearen Federn anstatt eines harmonischen Potentials. Es kann anhand einer Potenzreihenentwicklung gezeigt werden, dass das in Gleichung (3.38) angegebene FENE-Potential für kleine Verstreckungen, das heißt für $R \ll R_{max}$, identisch mit dem harmonischen Potential des Rouse-Modells ist.

Führt man die Diskussion über die Mobilität der Polymerkettenabschnitte, so ist diese bei großen Verstreckungen nahe der maximalen Verstreckbarkeit stark eingeschränkt. Als Folge würde man vermuten, dass die Relaxationszeiten sich bei großen Deformationen vergrößern. Es stellte sich jedoch bei Febbo et al. [30] heraus, dass die Federsteifigkeit ebenfalls die Relaxationszeiten beeinflusst. Die Relaxationszeiten und -stärken sind dabei grundsätzlich unterschiedlich, je nachdem, ob sie in Verstreckrichtung oder senkrecht dazu betrachtet werden. Weiterhin ist zu beobachten, dass sich die Relaxationszeiten mit steigender Verstreckung zuerst verringern und erst nahe der endlichen Verstreckbarkeit stark vergrößern. Die Mobilität der Polymerketten vergrößert sich demnach bei mittleren Verstreckungen und verringert sich erst nahe der maximalen Verstreckbarkeit der Polymerketten. Betrachtet man den Zustand nahezu maximal gestreckter Polymerketten, so zeigen Molekulardynamiksimulationen von Febbo et al. [30], dass eine wellenartige Bewegung der Polymerkette im Gegensatz zu der ungeordneten Brownschen Bewegung bei kleineren Verstreckungen vorliegt. Die Bewegungsmoden der Kette sind dabei nicht mehr entkoppelt. Es kann ein Austausch von Energie zwischen den Bewegungsmoden stattfinden.

3.2.2 Phänomenologische Modelle

Im Fall der linearen Viskoelastizität gilt das Boltzmannsche Superpositionsprinzip, siehe zum Beispiel Strobl [128] oder Schwarzl [121], das besagt, dass die resultierende Gesamtspannung σ von N Einzelverzerrungen ε_i gleich der Summe der Einzelspannungen σ_i resultierend aus den jeweiligen Einzelverzerrungen ε_i ist. Dieser Zusammenhang gilt auch in inverser Form. Eine sehr anschauliche Repräsentation dieses Superpositionsprinzips findet sich in rheologischen Ersatzschaltbildern, die zur Beschreibung des mechanischen Verhaltens von Elastomeren genutzt werden, wieder. Sie bestehen aus einer Reihen- oder Parallelschaltung beziehungsweise der Kombination von Reihen- und Parallelschaltungen einzelner Elemente. Zur Beschreibung des viskoelastischen Deformationsverhaltens werden Kombinationen aus linearen Hookeschen Federn und linearen Newtonschen Dämpfern genutzt. Einfachste Formen dieser rheologischen Ersatzmodelle zur Beschreibung der Viskoelastizität bilden das Maxwell-Modell als Reihenschaltung eines Feder- und eines Dämpferelementes und das Kelvin-Voigt-Modell als Parallelschaltung eines Feder- und eines Dämpferelementes, siehe Abbildung 3.4.

Betrachtet man den eindimensionalen Fall, so kann die Beziehung zwischen der Spannung σ und der Verzerrung ε für eine Hookesche Feder durch

$$\sigma_H = E\,\varepsilon_H \tag{3.39}$$

und für einen Newtonschen Dämpfer durch

$$\sigma_N = \eta\,\dot{\varepsilon}_N \tag{3.40}$$

beschrieben werden.

Im Fall des Maxwell-Modells ist die Spannung in beiden Elementen gleich, die Deformationsanteile verhalten sich additiv. Das Verhalten wird daher durch die Differentialgleichung

$$\dot{\varepsilon} = \frac{\dot{\sigma}}{E} + \frac{\sigma}{\eta} \tag{3.41}$$

beschrieben. Betrachtet man einen Relaxationsversuch, bei dem eine Probe einem spontanen Dehnungssprung auf den Wert ε_0 ausgesetzt wird, so ist die Lösung von Gleichung (3.41)

$$\sigma(t) = \sigma_0 \exp\left(-t/\tau^M\right). \tag{3.42}$$

Die Spannung relaxiert von einem Anfangswert σ_0 auf Null. Mit $\tau^M = \eta/E$ wird die Relaxationszeit des Maxwell-Modells bezeichnet. Der zeitabhängige Modul ergibt sich

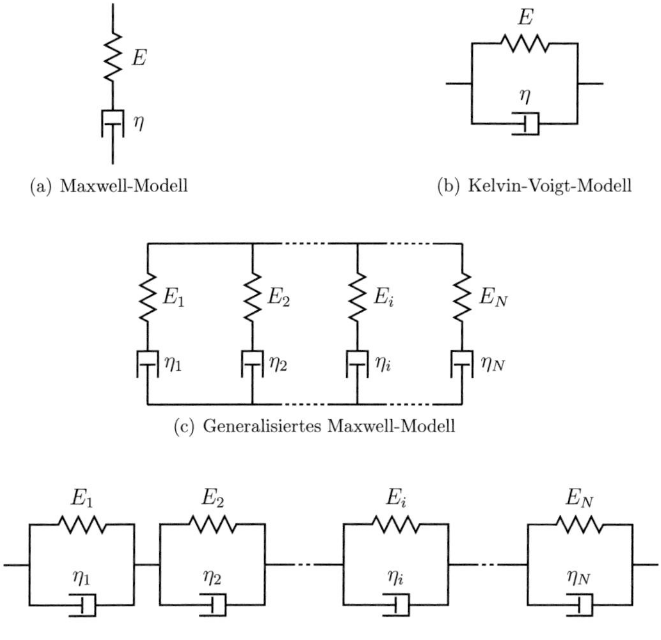

(a) Maxwell-Modell (b) Kelvin-Voigt-Modell

(c) Generalisiertes Maxwell-Modell

(d) Generalisiertes Kelvin-Voigt-Element

Abbildung 3.4: Rheologische Modelle zur Beschreibung des Relaxations- und Kriechverhaltens

demnach zu

$$E(t) = \frac{\sigma(t)}{\varepsilon_0} = E \exp\left(-t/\tau^M\right), \tag{3.43}$$

wobei E auch als Relaxationsstärke bezeichnet wird. Die allgemeine Beschreibung des linear-viskoelastischen Deformationsverhaltens erfolgt durch ein Gedächtnisintegral

$$\sigma(t) = \int_{-\infty}^{t} E(t-\tau)\dot{\varepsilon}(\tau)\, d\tau \tag{3.44}$$

mit dem für das Maxwell-Modell charakteristischen zeitabhängigen Modul $E(t)$, siehe Gleichung (3.43).

Beim Kelvin-Voigt-Modell sind die Deformationsanteile beider Elemente gleich, die Spannungen verhalten sich additiv. Das Deformationsverhalten wird dann durch die Differentialgleichung

$$\sigma = E\varepsilon + \eta\dot{\varepsilon} \tag{3.45}$$

beschrieben. Betrachtet man einen Kriechversuch, bei dem eine Probe mit einer definierten konstanten homogenen Spannung $\sigma(t) = \sigma_0$ beansprucht wird, so ist die Lösung von Gleichung (3.45)

$$\varepsilon(t) = \varepsilon_0 \left(1 - \exp\left(-t/\tau^{KV}\right)\right), \tag{3.46}$$

wobei mit $\tau^{KV} = \eta/E$ die Retardationszeit des Kelvin-Voigt-Modells bezeichnet wird. Die zeitabhängige Nachgiebigkeit ergibt sich nach einem spontanen Spannungssprung auf σ_0 zu

$$C(t) = \frac{\varepsilon(t)}{\sigma_0} = C\left(1 - \exp\left(-t/\tau^{KV}\right)\right) \tag{3.47}$$

mit $C = 1/E$ als Retardationsstärke. Die allgemeine Beschreibung des linear-viskoelastischen Deformationsverhaltens erfolgt wiederum durch ein Gedächtnisintegral

$$\varepsilon(t) = \int_{-\infty}^{t} C(t-\tau)\dot{\sigma}(\tau)\, d\tau \tag{3.48}$$

mit der für das Kelvin-Voigt-Modell charakteristischen zeitabhängigen Nachgiebigkeit $C(t)$, siehe Gleichung (3.47).

Verallgemeinerungen sind von beiden Modellen möglich. Die gängigsten sind das generalisierte Maxwell-Modell als Parallelschaltung von N Maxwellelementen und das generalisierte Kelvin-Voigt-Modell als Reihenschaltung von N Kelvin-Voigt-Elementen, dargestellt ebenfalls in Abbildung 3.4. Die Materialfunktionen $E(t)$ und $C(t)$ ergeben sich dann zu

$$E(t) = \sum_{i=1}^{N} E_i \exp\left(-t/\tau_i^M\right), \tag{3.49}$$

beziehungsweise

$$C(t) = \sum_{i=1}^{N} C_i \left(1 - \exp\left(-t/\tau_i^{KV}\right)\right). \tag{3.50}$$

Betrachtet man insbesondere Gleichung (3.49), so zeigt sich, dass deren Form äquivalent zu dem aus dem Rouse-Modell abgeleiteten Relaxationszeitspektrum (3.36) ist. Somit wird klar, dass das empirische verallgemeinerte Maxwell-Modell und das Rouse-Modell bei entsprechender Wahl der Relaxationszeiten τ_i^M identisch sind. Aufgrund der Äquivalenz zum Rouse-Modell erlaubt das verallgemeinerte Maxwell-Modell eine molekulare Interpretation von makroskopischen Daten bezüglich der Relaxationsprozesse der Hauptkette.

Um ein festkörperähnliches Verhalten auch im Gleichgewicht sicherzustellen, beinhalten die in Abbildung 3.5 dargestellten Modelle jeweils ein zusätzliches Federelement, entweder parallel zum verallgemeinerten Maxwell-Modell oder in Reihe zum verallgemeinerten Kelvin-Voigt-Modell. Die Spektren verändern sich demzufolge zu

$$E(t) = E_0 + \sum_{i=1}^{N} E_i \exp\left(-t/\tau_i^M\right) \tag{3.51}$$

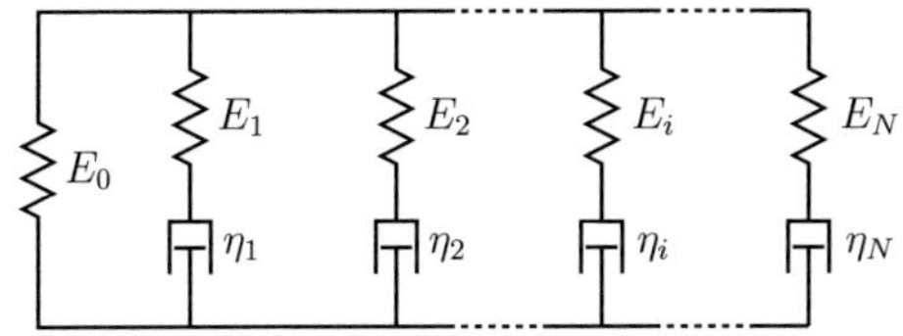

(a) Generalisiertes Maxwell-Modell

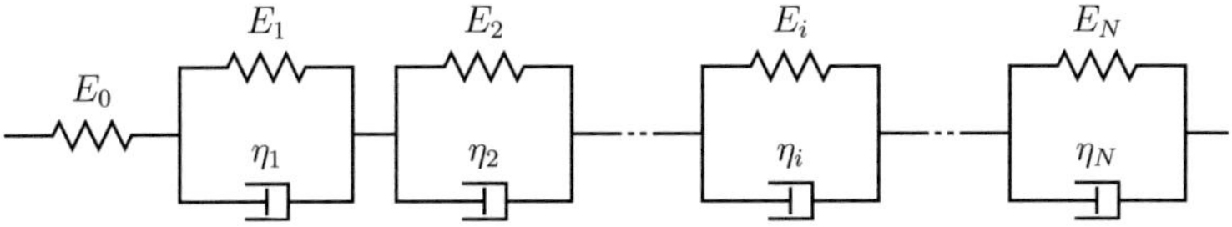

(b) Generalisiertes Kelvin-Voigt-Modell

Abbildung 3.5: Rheologische Modelle zur Beschreibung eines viskoelastischen Festkörperverhaltens

und

$$C(t) = C_0 + \sum_{i=1}^{N} C_i \left(1 - \exp\left(-t/\tau_i^{KV}\right)\right). \tag{3.52}$$

Es kann gezeigt werden, dass beide in Abbildung 3.5 dargestellten Modelle ineinander überführbar und somit äquivalent sind und zur Beschreibung sowohl des Relaxations- als auch des Retardationsverhaltens von linear-viskoelastischen Festkörpern genutzt werden können, siehe Tschoegl [133]. Eine Transformation der Gleichungen (3.51) und (3.52) in den Fourierraum lässt eine Bestimmung der Relaxations- beziehungsweise Retardationszeitspektren über dynamisch-mechanische Analysen zu.

Neben der Beschreibung des linear-viskoelastischen Deformationsverhaltens anhand von Gedächtnisintegralen, siehe Gleichungen (3.44) und (3.48), ist ebenfalls eine Beschreibung anhand innerer Zustandsvariablen möglich. Für eine Definition dieser inneren Zustandsvariablen wird auf Abschnitt 5.1 verwiesen. Anschaulich kann dies für das verallgemeinerte Maxwell-Modell mit einer zusätzlich parallel geschalteten Feder zur Beschreibung des Gleichgewichtsverhaltens, siehe Abbildung 3.5, dargestellt werden. Die elastische Verzerrungsenergiedichte W^* ist in diesem Fall durch die Deformation der Federn, das heißt durch

$$W^* = W^*(\varepsilon, \varepsilon_i^v) = \frac{1}{2} E_0 \varepsilon^2 + \sum_{i=1}^{N} \frac{1}{2} E_i (\varepsilon - \varepsilon_i^v)^2 \tag{3.53}$$

gegeben. Dabei sind die Variablen ε_i^v innere Zustandsvariablen, die nicht von außen gesteuert werden können. Die Zustandsgleichungen lauten

$$\sigma = \frac{\partial W^*}{\partial \varepsilon} = E_0 \varepsilon + \sum_{i=1}^{N} E_i (\varepsilon - \varepsilon_i^v) \tag{3.54}$$

und

$$\sigma_i^v = -\frac{\partial W^*}{\partial \varepsilon_i^v} = E_i(\varepsilon - \varepsilon_i^v). \tag{3.55}$$

Die Evolution der inneren Variablen wird dabei durch

$$\dot{\varepsilon}_i^v = \frac{\sigma_i^v}{\eta_i} = \frac{E_i(\varepsilon - \varepsilon_i^v)}{\eta_i} = \frac{(\varepsilon - \varepsilon_i^v)}{\tau_i^M} \tag{3.56}$$

festgelegt. Aus Gleichung (3.56) wird ersichtlich, dass die Evolution einer inneren Zustandsvariable ε_i^v nicht nur durch die Gesamtdehnung ε als von außen steuerbare Zustandsvariable, sondern auch durch sie selbst und einer entsprechenden Relaxationzeit τ_i^M bestimmt wird. Es sei angemerkt, dass die Formulierung mit Hilfe innerer Zustandsvariablen auch als zeitliche Diskretisierung des Gedächtnisintegrals aufgefasst werden kann. Beide Darstellungen sind somit äquivalent, siehe Maugin [83].

Die vorgestellten Modelle beschreiben jeweils das viskoelastische Deformationsverhalten bei einer konstanten Temperatur. Da die Relaxationszeiten jedoch stark temperaturabhängig sind, werden diese bei der Beschreibung von nichtisothermen Prozessen entsprechend Gleichung (2.2) umgerechnet.

Eine Verallgemeinerung der auf rheologischen Ersatzschaltbildern basierenden phänomenologischen Modelle besteht in der Einführung nichtlinearer Feder- und Dämpferelemente sowie in der Benutzung fraktionaler Ableitungen. Ziel einer solchen Verallgemeinerung ist es in der Regel, den Satz von zu bestimmenden Materialparametern möglichst gering zu halten. Die physikalische Interpretationsmöglichkeit aufgrund der Äquivalenz zum Rouse-Modell geht dabei jedoch in den meisten Fällen verloren. Die übliche Verallgemeinerung für finite Deformationen wird daher durch ein verallgemeinertes Maxwell-Modell, bestehend aus einer nichtlinearen Feder zur Beschreibung des quasistatischen Deformationsverhaltens mittels einer Verzerrungsenergiedichte W^*, siehe Abschnitt 3.1, sowie einer Anzahl von Maxwell-Elementen, bestehend aus linearen Federn und linearen Dämpfern, realisiert. Derartige Modelle sind somit geometrisch nichtlinear, aber linear hinsichtlich ihrer Beschreibung der Viskoelastizität.

3.3 Füllstoffeinfluss

3.3.1 Mikroskopische Ansätze

Durch das Vorhandensein von harten Füllstoffen in einer weichen Matrix wird die Polymermatrix hydrodynamisch verstärkt, das heißt Polymerketten werden in einem gefüllten Elastomer stärker verstreckt als es in einem ungefüllten Material bei gleicher äußerer makroskopischer Deformation der Fall ist. Diesem Einfluss wird durch Einführung eines Amplifizierungsfaktors X Rechnung getragen. Formuliert im Hauptachsenkoordinatensystem, bringt er bei kleinen Deformationen die äußere Verzerrung ε_i mit der mikroskopischen Verzerrung der Polymerketten ε_i^{mikr} der Elastomermatrix durch

$$\varepsilon_i^{mikr} = X\varepsilon_i \tag{3.57}$$

in Beziehung.

In Anlehnung an Viskositätsbetrachtungen von Suspensionen von Einstein [26,27] führte Smallwood [125] für kleine und mittlere Füllstoffvolumenanteile sphärischer und separat vorliegender Partikel in einer Elastomermatrix die Beziehung

$$X = \frac{G}{G_0} = 1 + 2,5\phi \tag{3.58}$$

mit ϕ als Volumenfraktion und G_0 beziehungsweise G als Modul des ungefüllten beziehungsweise gefüllten Materials ein. Für höhere Volumenbrüche wurde von Guth und Gold [44] sowie Guth [43] ein zusätzlicher Term hinzugefügt, der die Wechselwirkungen zwischen verschiedenen Partikeln berücksichtigt, so dass

$$X = 1 + 2,5\phi + 14,1\phi^2. \tag{3.59}$$

Eine Padé-Approximation der Reihenentwicklung von X bis zur zweiten Ordnung der Volumenfraktion ϕ führte jedoch zu

$$X \approx 1 + \frac{2.5\phi}{1 - 2\phi} \approx 1 + 2,5\phi + 5,0\phi^2, \tag{3.60}$$

was sich als geeigneter im Vergleich zu Gleichung (3.59) herausstellte, siehe hierzu Heinrich et al. [48]. Es sei noch darauf hingewiesen, dass von Huber und Vilgis [56] auch eine Formulierung für die hydrodynamische Verstärkung durch sich überlappende Füllstoffcluster in der Form

$$X \propto \left(\frac{l_a}{a_P}\right)^{(d_w - d_f)} \phi^{\frac{2}{3-d_f}} \tag{3.61}$$

formuliert wurde. Dabei sind l_a, a_P, d_f und d_w die Größe der Füllstoffcluster, die Partikelgröße, die fraktale Dimension der Füllstoffcluster und der anomale Diffusionsexponent der Cluster.

Aufgrund von Wechselwirkungen zwischen dem Polymer und dem Füllstoff sind Polymerketten in der Nähe der Füllstoffoberfläche immobilisert und wirken somit ebenfalls hydrodynamisch verstärkend. Gleiches gilt bei hochgefüllten Elastomeren für das durch den Füllstoff in Zwischenbereichen abgeschirmte Polymer, welches nicht zur Deformation beiträgt. Zur Berücksichtigung dieser Einflüsse führte Medalia [87] einen effektiven Volumenbruch ϕ_{eff} ein, der den Anteil des durch Füllstoffe abgeschirmten und immobilisierten Polymers miterfasst, da dieser nicht mehr elastisch aktiv ist.

Mullins und Tobin [94] schlugen die gleiche Definition wie in Gleichung (3.57) zur Verallgemeinerung des Verstärkungsfaktors für große Deformationen vor. Sie formulierten die Beziehung allerdings zwischen der makroskopischen Streckung λ und mikroskopischen Streckung λ^{mikr} unter Beachtung von

$$\lambda_i = 1 + \varepsilon_i \tag{3.62}$$

und

$$\lambda_i^{mikr} = 1 + \varepsilon_i^{mikr}. \tag{3.63}$$

Um die Spannungserweichung und füllstoffinduzierte Dissipationserscheinungen von ruß- und silikagefüllten Elastomeren zu beschreiben, schlug Klüppel [64] das dynamische Flockulationsmodell als ein mikromechanisches Modell vor. Es berücksichtigt den

Bruch und die Reaggregation von Füllstoffclustern. Es beruht auf der Annahme, dass der Bruch von Füllstoffclustern einer noch unbeanspruchten Probe beim ersten Belastungszyklus zwar reversibel ist, jedoch werden die Füllstoff-Füllstoff-Bindungen geschädigt und der ursprüngliche Zustand wird nicht mehr erreicht. Mit zunehmender Beanspruchung nimmt der Anteil an steifen Füllstoffclustern mit ungeschädigten Füllstoff-Füllstoff-Wechselwirkungen ab, was zu einer ausgeprägten Spannungserweichung nach dem ersten Belastungszyklus führt. Der Anteil der geschädigten Füllstoff-Füllstoff-Bindungen nimmt mit steigender Beanspruchung zu und deren Aufbrechen und Reaggregieren beeinflusst die füllstoffinduzierte Energiedissipation, erkennbar an den Hystereseschleifen. Das Modell basiert auf einer Formulierung des Polymernetzwerkes in Form des nichtaffinen Röhrenmodells unter Berücksichtigung der hydrodynamischen Verstärkung der Matrix durch einen Anteil an steifen Füllstoffclustern mit nicht geschädigten Füllstoff-Füllstoff-Wechselwirkungen. Die in den Füllstoffclustern gespeicherte Energie wird anhand einer anisotropen freien Energiedichte beschrieben. Details zu dieser Modellformulierung sind Klüppel [64] beziehungsweise Vilgis et al. [137] zu entnehmen.

3.3.2 Phänomenologische Ansätze

Zur Beschreibung des Payne-Effektes in hochgefüllten Elastomeren oberhalb der Perkolationsschwelle wurde von Kraus [69] ein Modell vorgeschlagen, welches die Vorstellungen einer Veränderung der Materialstruktur auf phänomenologische Art und Weise wiedergibt. In der Modellvorstellung wird von abstrakten physikalischen Bindungen zwischen benachbarten Füllstoffaggregaten ausgegangen, die bei einer harmonischen Deformation kontinuierlich zerstört und wiederaufgebaut werden. So stellt sich ein stationärer Zustand ein, der durch die Anzahl der Aggregatkontakte charakterisiert wird. Eine Erweiterung dieser Modellvorstellung zur Beschreibung der Veränderung der Materialstruktur im Zeitbereich erfolgte mit Hilfe innerer Zustandsvariablen, die den aktuellen Zustand der Füllstoffstruktur widerspiegeln, so zum Beispiel von Lion [74, 75] und Höfer und Lion [51].

Phänomenologische Ansätze zur Beschreibung des Mullins-Effektes im Rahmen der Kontinuumsmechanik gehen, ohne auf die Mechanismen der Verstärkung einzugehen, von einem Materialzustand aus, welcher sich entsprechend der Beanspruchung ändert. Dies wird im Rahmen der Kontinuumsschädigungsmechanik mit einem meist skalaren Schädigungsparameter und dessen Evolutionsgleichung beschrieben, siehe Göktepe und Miehe [37]. Einen anderen Zugang bildet der Rahmen der endochronen Plastizität, das heißt der Modellierung der sukzessiven Zerstörung der Materialstruktur mittels einer plastischen Formulierung ohne explizite Fließfläche, siehe Netzker et al. [96].

Kapitel 4

Grundlagen der Bruchmechanik

Das Vorhandensein von Rissen in Bauteilen bewirkt bei einer äußeren Belastung eine völlig neue lokale Beanspruchung des Materials. Schon relativ kleine äußere Belastungen können aufgrund lokaler Spannungskonzentrationen in der Nähe von Rissfronten zur Dekohäsion des Materials und somit zur Ausbreitung eines Risses bis hin zum Bruch des Bauteils führen. Die Bruchmechanik beschäftigt sich daher mit dem mechanischen Verhalten von belasteten rissbehafteten Bauteilen. Neben der Charakterisierung des mehrachsigen Beanspruchungszustandes in der Nähe von stationären Rissfronten, ist dabei auch der Fall der Rissausbreitung inbegriffen. In der Bruchmechanik geht man daher grundsätzlich davon aus, dass bereits ein makroskopischer Anriss im Körper existiert. Dieser kann sich in Bauteilen aus herstellungsbedingten mikroskopischen Materialdefekten oder im Laufe der Betriebsbelastung entwickeln. Wird ein solcher, mit einen makroskopischen Anriss versehener Körper belastet, sind sowohl die Risseinleitung, das heißt der Übergang vom ruhenden zum bewegten Riss, als auch die Rissausbreitung Gegenstand der Forschung. Bei vielen Werkstoffen ist dabei der Rissinitiierungszeitpunkt nicht mit dem Versagenszeitpunkt gleichzusetzen. In der Regel folgt der Risseinleitung eine stabile, das heißt unterkritische Rissausbreitung mit geringer Rissgeschwindigkeit. In diesem Bereich ist eine Erhöhung der Rissbeanspruchung notwendig, um den Riss weiter voranschreiten zu lassen. Die instabile Rissausbreitung verläuft dagegen mit hoher Rissgeschwindigkeit unter ständiger Energiefreisetzung.

In praktischen Anwendungen sollten sich vorhandene Risse entweder gar nicht ausbreiten und wenn doch, dann sollte die Rissausbreitung möglichst stabiler Natur sein, um das entsprechende Bauteil noch vor seinem Ausfall austauschen zu können. Daher sind insbesondere die Risseinleitung sowie die stabile Rissausbreitung inklusive dem Übergang zum instabilen Risswachstum von besonderem wissenschaftlichen Interesse. Die mit der Ausbreitung eines Risses einhergehenden Prozesse sind generell sehr vielgestaltig und hängen von der heterogenen Struktur des jeweiligen Werkstoffes ab. Sie laufen auf unterschiedlichen, materialspezifischen Längenskalen ab und sind abhängig von der Art der Beanspruchung und der Geometrie des Prüfkörpers. Sie durch eine Modifizierung der Materialstruktur zu beeinflussen, ist Gegenstand zahlreicher Untersuchungen in der Werkstoffwissenschaft.

Grundsätzlich gibt es zwei Herangehensweisen bei der bruchmechanischen Charakterisierung von Werkstoffen. Eine Möglichkeit stellt die Betrachtung der globalen Energiebilanz in einem Körper bei Rissfortschritt dar. Eine andere besteht in der Charakterisierung der lokalen Beanspruchung in der Nähe der Rissfront, jedoch außerhalb der Bruchprozesszone. Beide Konzepte der Bruchmechanik sollen in diesem Kapitel kurz vorgestellt und hinsichtlich der Möglichkeiten und Grenzen ihrer Anwendung bei Elastomeren diskutiert werden. Die Grundlagen sind in gängigen Lehrbüchern der Bruchmechanik zu finden, so zum Beispiel in Anderson [3], Kanninen und Popelar [62], Kuna [71] sowie Gross und Seelig [42].

4.1 Bruchmechanische Konzepte

Die Prozesse, die zum Verlust der Tragfähigkeit des Materials in der Nähe der Rissfront und somit zur Rissausbreitung führen, sind generell sehr komplex. Abhängig vom Material, können dabei die unterschiedlichsten dissipativen Prozesse auf unterschiedlichen Längenskalen ablaufen. Ein Verständnis dieser Prozesse und deren Beeinflussung durch eine gezielte Modifizierung der heterogenen Materialstruktur ist somit wichtig, um die Widerstandsfähigkeit von Werkstoffen gegenüber einer Rissausbreitung zu erhöhen, auch wenn dieses Verständnis mitunter schwer zu erreichen ist. Ein höherer Widerstand gegenüber einer Rissausbreitung geht generell mit einem höheren Vermögen an Energieabsorption im gesamten Bauteil beziehungsweise Prüfkörper einher. Es ist jedoch zu beachten, dass diese dissipativen Prozesse abhängig von der Art der Beanspruchung, der Temperatur und von der Größe und Geometrie des Bauteils beziehungsweise Prüfkörpers sein können und entsprechende bruchmechanische Kenngrößen diese Abhängigkeiten dann ebenfalls aufweisen.

Eine solche, auf der Energiebilanz beruhende Charakterisierung der Rissausbreitung war die Grundlage der Betrachtungen von Griffith [41] zum idealen Sprödbruch. In diesem Fall wird davon ausgegangen, dass keine Energiedissipation im Körper auftritt und somit die bei einer Rissausbreitung freigesetzte potentielle Energie vollständig zur Bildung neuer Oberflächen zur Verfügung steht. Da in realen Materialien das Risswachstum von mehr oder weniger charakteristischen dissipativen Prozessen begleitet wird, ist die zur Ausbreitung eines Risses benötigte effektive Energie größer als der durch die Oberflächenenergie verursachte Anteil, siehe Irwin [59]. Es sei jedoch angemerkt, dass die Fähigkeit, Energie während der Rissausbreitung zu absorbieren, noch nichts darüber aussagt, durch welche konkreten physikalischen Prozesse dies verursacht wird. In der Regel geht man in der Bruchmechanik davon aus, dass sich aufgrund einer erhöhten Beanspruchung in Rissfrontnähe alle dissipativen Prozesse dort konzentrieren. Da diese dissipativen Prozesse dann mit der Rissausbreitung in Verbindung stehen, ist somit eine globale Energiebilanz geeignet, um die Rissausbreitung in einem Festkörper zu charakterisieren.

Ein alternativer Zugang wurde von Irwin [60] und Orowan [100] vorgeschlagen. Sie gingen von der Annahme aus, dass alle dissipativen Prozesse in der Bruchprozesszone bei einer Rissausbreitung aufgrund erhöhter Spannungen in Rissfrontnähe hervorgerufen werden. Die Charakteristik der elastischen Spannungsfelder in Rissfrontnähe, jedoch außerhalb der Bruchprozesszone stellt somit eine Möglichkeit der bruchmechanischen Charakterisierung dar, ohne auf die komplizierten Bruchprozesse einzugehen. Voraussetzung für eine derartige Charakterisierung ist jedoch die Annahme, dass diese Nahfelder auch wirklich die Prozesse in der Bruchprozesszone bestimmen. Daher wird gefordert, dass die Bruchprozesszone sehr klein im Vergleich zur Größe des Einflussgebietes der charakteristischen Nahfelder ist, so dass alle Prozesse in der Bruchprozesszone durch die Nahfelder dominiert werden. In diesem Fall sind dann entsprechende Parameter, welche die Nahfelder

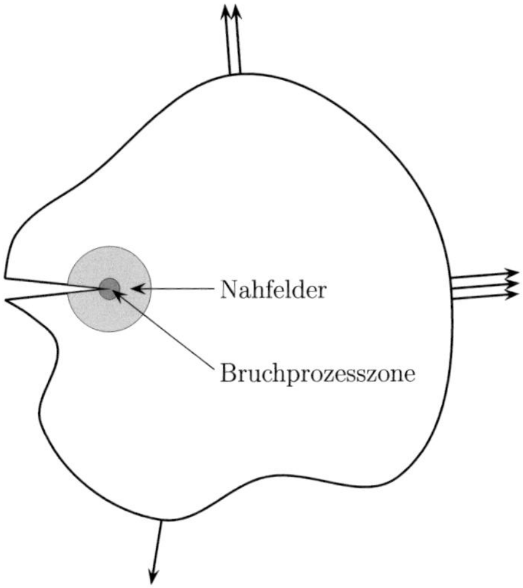

Abbildung 4.1: Einteilung charakteristischer Gebiete in einem rissbehafteten Festkörper

beschreiben, auch zur bruchmechanischen Charakterisierung geeignet.

Entsprechend der dargelegten Argumentation kann ein Prüfkörper oder Bauteil in unterschiedliche charakteristische Gebiete aufgeteilt werden. Vereinfacht ist dies für den ebenen Fall in Abbildung 4.1 dargestellt. Fern der Rissfront werden die kontinuumsmechanischen Felder nicht oder nur unwesentlich vom vorhandenen Riss beeinflusst. Die Lösung des Randwertproblems hängt dort neben den Grundgleichungen auch von der Form des betrachteten Gebietes und den konkreten Randbedingungen, wie auch im Fall rissfreier Bauteile, ab. Nähert man sich der Rissfront, so steigt die Beanspruchung im Material. Die Lösung des Randwertproblems hängt dann ebenso von den Gegebenheiten in Rissfrontnähe ab. Verhält sich das Material zum Beispiel linear-elastisch, so lässt sich das Spannungsfeld in Rissfrontnähe näherungsweise durch ein universelles singuläres Spannungsfeld, das die Bruchprozesszone umschließt, beschreiben. Mit der Bruchprozesszone bezeichnet man das Gebiet, in dem sich das Materialverhalten nicht mehr mit dem jeweils verwendeten kontinuumsmechanischen Materialmodell beschreiben lässt. Das heißt, sowohl die Prozesse, die auf kleinsten Längenskalen ablaufen und zur Dekohäsion des Materials führen, als auch alle anderen Effekte, die nicht mit der jeweiligen makroskopischen Materialbeschreibung konform sind, werden unter dem Begriff Bruchprozess zusammengefasst. In den meisten Fällen müsste man in einem linear-elastischen Festkörper diesen Bereich als Dissipationszone mit einer darin eingeschlossenen Bruchprozesszone bezeichnen. Als Beispiel für makroskopische dissipative Prozesse sei hier plastisches Fließen aufgrund einer erhöhten Beanspruchung in der Nähe der Rissfront genannt. Diese Unterscheidung zwischen Dissipations- und Bruchprozessgröße ist insbesondere bei Elastomeren wichtig, da dissipative Prozesse im gesamten Körper ablaufen können und nicht nur auf einen rissfrontnahen Bereich beschränkt sind.

Der Bruchprozess selbst besteht auf molekularem Niveau aus einem Bruch von atomaren Bindungen. Auf diese Art entstandene Defekte, meist in Form von Mikrorissen oder Kavitäten, vergrößern sich und treten beim Erreichen kritischer Defektgrößen und -abstände miteinander sowie mit der Rissspitze in Wechselwirkung. Die Größenordnung der Bruchprozesszone reicht dabei von wenigen Atomabständen für sehr spröde Werkstoffe bis hin zum Mikrometerbereich oder sogar größer bei duktilen oder quasispröden Werkstoffen.

Benutzt man ein makroskopisches Materialmodell, das ein bestimmtes dissipatives Materialverhalten beschreibt, dann unterscheidet man zwischen der makroskopisch beschreibbaren Energiedissipation und der Energiedissipation in der Bruchprozesszone aufgrund von Prozessen, die nicht mit diesem Modell beschrieben werden können. Die Definition der Bruchprozesszone hängt somit offensichtlich mit dem jeweiligen verwendeten Materialmodell zusammen. Dieser Aspekt ist in Hinblick auf bruchmechanische Kenngrößen, die aus kontinuumsmechanischen Feldern abgeleitet werden, essentiell. Auf ihn wird in Kapitel 5 noch einmal eingegangen.

Während die lokale Charakterisierung der mechanischen Felder in der Nähe der Bruchprozesszone mittels analytischer asymptotischer Lösungen nur für ein bestimmtes Materialverhalten möglich ist, ist eine globale Charakterisierung über ein Energiekriterium in jedem Fall anwendbar. Die große Deformierbarkeit von Elastomeren schließt zwar eine lokale Charakterisierung generell aus, dennoch sollen diese Konzepte im Folgenden Erwähnung finden, da sie für qualitative Studien benutzt werden können. Vorteilhaft ist dann die Möglichkeit einer analytischen Lösung, die unterschiedliche Einflüsse offenlegt, welche numerisch nur durch aufwändige Parameterstudien zugänglich wären. Andererseits basieren auch experimentelle Methoden zur bruchmechanischen Charakterisierung oft auf diesen Methoden, die zwar ursprünglich für andere Werkstoffe entwickelt wurden, jedoch in Hinblick auf einen quantitativen Vergleich unterschiedlicher Werkstoffe auch für Elastomere adaptiert wurden.

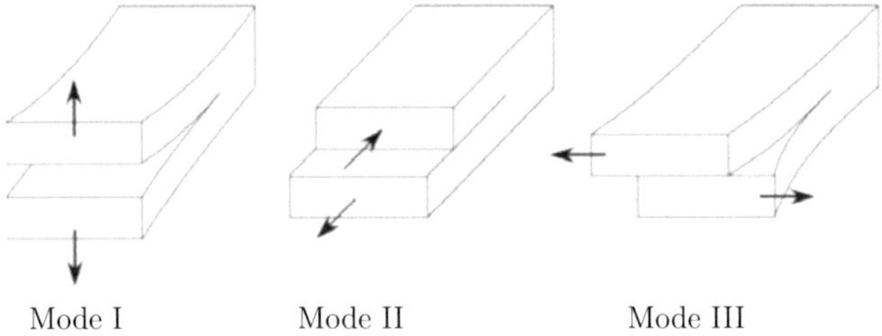

Abbildung 4.2: Rissöffnungsmoden

Generell ist es in der Bruchmechanik üblich, sich auf ebene Probleme zu beschränken. Die Betrachtungen in Rissfrontnähe beschränken sich dann auf die Nähe der Rissspitze. Hinsichtlich der Beanspruchung in Rissspitzennähe unterscheidet man drei grundverschiedene Rissöffnungsmoden, siehe Abbildung 4.2. Der Mode I fasst alle Beanspruchungen zusammen, die ein Öffnen der Rissflanken bewirken. Der Mode II fasst alle Beanspruchungen zusammen, die eine entgegengesetzte Verschiebung der Rissflanken in Rissausbreitungsrichtung hervorrufen. Der Mode III fasst alle Beanspruchungen zusammen, die eine Verschiebung der Rissflanken quer zur Rissausbreitungsrichtung bewirken. Treten mehrere

Moden gleichzeitig auf, so wird dies als eine Mixed-Mode-Beanspruchung bezeichnet.

Auch wenn aufgrund der hohen Deformierbarkeit von Elastomeren und ihrer viskoelastischen Eigenschaften keine charakteristischen Rissspitzennahfelder existieren, können lokale Konzepte für qualitative Untersuchungen genutzt werden, so zum Beispiel für die Rissausbreitung in linear-viskoelastischen Materialien, um den Einfluss der Rissgeschwindigkeit auf die Nahfelder qualitativ zu untersuchen, siehe Kapitel 7. Für eine quantitative Charakterisierung der Rissausbreitung in Elastomeren bleibt nur die globale Energiebilanz. Dieser Herangehensweise ist das Kapitel 5 gewidmet. Eine globale Energiebilanz gibt jedoch nur an, welche Energie zur Ausbreitung eines Risses notwendig ist. Sie liefert weder eine Analyse der konkreten Beanspruchung in Rissfrontnähe, noch eine Aussage zu den unterschiedlichen Mechanismen und Prozessen, die zu dieser energetischen Größe beitragen. Durch welche Ursachen und wo dies passiert, ist dieser Größe ohne ergänzende Untersuchungen nicht zu entnehmen.

4.2 Rissspitzennahfelder der linear-elastischen Bruchmechanik

Im Rahmen der linear-elastischen Bruchmechanik (LEBM) werden Spannungs-, Verzerrungs- und Verschiebungsfelder in der Nähe der Rissspitze in einem linear-elastischen Festkörper betrachtet. Dabei ist das folgende Randwertproblem zu lösen, siehe zum Beispiel Göldner [38]. In einem Körper sind, unter Ausschluss von Volumen- und Trägheitskräften, die partiellen Differentialgleichungen

$$\sigma_{ji,j} = 0 \tag{4.1}$$

mit dem symmetrischen Spannungstensor σ_{ij} zu erfüllen. Hinzu kommt das Hookesche Gesetz bei einer isothermen Deformation in der allgemeinen Form

$$\sigma_{ij} = E_{ijkl}\varepsilon_{kl} \tag{4.2}$$

mit dem Elastizitätstensor E_{ijkl} beziehungsweise im Fall eines isotropen Materialverhaltens

$$\sigma_{ij} = \frac{E}{1+\nu}\left(\varepsilon_{ij} + \delta_{ij}\frac{\nu}{1-2\nu}\varepsilon_{kk}\right). \tag{4.3}$$

Im Fall kleiner Verzerrungen gelten zwischen dem Verzerrungstensor ε_{ij} und dem Verschiebungsvektor u_i die linearen Beziehungen

$$\varepsilon_{ij} = \frac{1}{2}\left(u_{i,j} + u_{j,i}\right). \tag{4.4}$$

Zur vollständigen Beschreibung des Randwertproblems sind Randbedingung der Form

$$u_i = \bar{u}_i \tag{4.5}$$

auf dem Teil des Randes mit vorgegebenem Verschiebungsvektor $\bar{u}_i$ und

$$t_i = \sigma_{ji}n_j = \bar{t}_i \tag{4.6}$$

auf dem restlichen Teil des Randes mit vorgegebenem Spannungsvektor $\bar{t}_i$ notwendig.

Aufgrund der Beschränkung auf die Rissöffnungsmoden I und II in der vorliegenden Arbeit sollen hier nur die Grundlagen der ebenen Elastizität, das heißt des ebenen Spannungszustandes (ESZ) und des ebenen Verzerrungszustand (EVZ) wiedergegeben werden. Ein ebener Spannungszustand entsteht näherungsweise in dünnen Scheiben, in denen nur Spannungen in der Scheibenebene, das heißt in der Ebene, die durch die Basisvektoren $\vec{e}_1$ und $\vec{e}_2$ aufgespannt wird, auftreten. Alle anderen Komponenten des Spannungstensors sind zu vernachlässigen, das heißt $\sigma_{i3} = 0$. Der ebene Verzerrungszustand tritt dagegen vorrangig in langen prismatischen Körpern bei einer von der Längskoordinate unabhängigen Belastung auf. Deformationen in Längsrichtung $\vec{e}_3$ sind daher behindert, so dass die entsprechenden Komponenten des Verzerrungstensors $\varepsilon_{i3} = 0$ sind und nur eine ebene Verzerrung auftritt.

In Hinblick auf ebene bruchmechanische Fragestellungen, bei denen die Rissflanken in der Regel lastfrei sind, erweist sich eine Formulierung des Randwertproblems mithilfe einer übergeordneten Spannungsfunktion als hilfreich. Unter Benutzung der Gleichungen (4.1) und (4.3) sowie der Kompatibilitätsbedingung

$$\varepsilon_{11,22} + \varepsilon_{22,11} - \varepsilon_{12,12} = 0 \tag{4.7}$$

als inverse Beziehung zu Gleichung (4.4) zur Bestimmung der Verschiebungen u_i aus den Verzerrungen ε_{ij} bei Gewährleistung eines zusammenhängenden Materials ohne Materialtrennungen oder -überlappungen können Probleme der ebenen linearen Elastizitätstheorie durch die Bi-Laplace-Gleichung, siehe Göldner [38],

$$\Psi_{1111} + 2\Psi_{,1122} + \Psi_{,2222} = 0 \tag{4.8}$$

beschrieben werden. Dabei wird mit Ψ eine übergeordnete skalare Funktion, die Airy-Spannungsfunktion, bezeichnet, aus der sich die Spannungen durch

$$\sigma_{11} = \Psi_{,22}, \tag{4.9}$$

$$\sigma_{22} = \Psi_{,11} \tag{4.10}$$

und

$$\sigma_{12} = -\Psi_{,12} \tag{4.11}$$

ergeben.

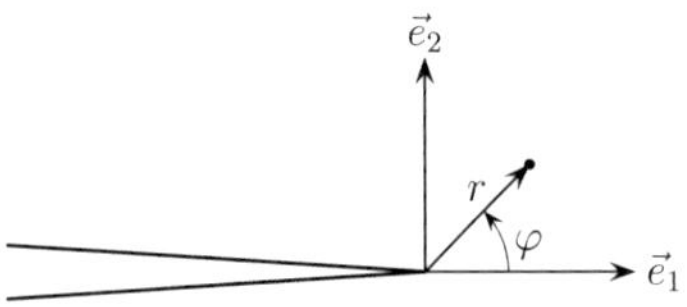

Abbildung 4.3: Definition des Koordinatensystems zur Charakterisierung rissspitzennaher mechanischer Felder

Für einen rissbehafteten Prüfkörper kann mit Hilfe der Methode der komplexen Spannungsfunktionen, siehe Muskhelishvili [95], für viele Fälle eine analytische Lösung der mechanischen Felder in der Nähe einer Rissspitze unter Beachtung lastfreier Rissflanken

$$t_i = \sigma_{ji} n_j = 0 \tag{4.12}$$

erhalten werden.

Für einen Riss in einem zweidimensionalen Körper ergeben sich die ebenen Spannungen in asymptotischer Näherung zur mathematischen Rissspitze zu

$$\begin{aligned} \begin{bmatrix} \sigma_{11} \\ \sigma_{22} \\ \sigma_{12} \end{bmatrix} &= \frac{K_I}{\sqrt{2\pi r}} \cos\frac{\varphi}{2} \begin{bmatrix} 1 - \sin\frac{\varphi}{2}\sin\frac{3}{2}\varphi \\ 1 + \sin\frac{\varphi}{2}\sin\frac{3}{2}\varphi \\ \sin\frac{\varphi}{2}\cos\frac{3}{2}\varphi \end{bmatrix} \\ &+ \frac{K_{II}}{\sqrt{2\pi r}} \begin{bmatrix} -\sin\frac{\varphi}{2}\left(2 + \cos\frac{\varphi}{2}\varphi\cos\frac{3}{2}\varphi\right) \\ \sin\frac{\varphi}{2}\cos\frac{\varphi}{2}\cos\frac{3}{2}\varphi \\ \cos\frac{3}{2}\varphi\left(1 - \sin\frac{\varphi}{2}\sin\frac{3}{2}\varphi\right) \end{bmatrix} . \end{aligned} \tag{4.13}$$

Das zu Gleichung (4.13) entsprechende ebene elastische Verschiebungsfeld ist

$$\begin{bmatrix} u_1 \\ u_2 \end{bmatrix} = \frac{1}{2G}\sqrt{\frac{r}{2\pi}} \left[K_I \begin{bmatrix} \cos\frac{\varphi}{2} \\ \sin\frac{\varphi}{2} \end{bmatrix} + K_{II} \begin{bmatrix} \sin\frac{\varphi}{2}(\kappa + 2 + \cos\varphi) \\ -\cos\frac{\varphi}{2}(\kappa - 2 + \cos\varphi) \end{bmatrix} \right] \tag{4.14}$$

mit der Abkürzung

$$\kappa = \begin{cases} \dfrac{3-\nu}{1+\nu} & \text{ESZ,} \\ 2 - 4\nu & \text{EVZ.} \end{cases} \tag{4.15}$$

Die Felder, angegeben in den Gleichungen (4.13) und (4.14) beziehen sich dabei auf ein kartesisches Koordinatensystem mit seinem Ursprung an der Rissspitze und den sich in der Ebene befindenden Basisvektoren $\vec{e}_1$ in tangentialer Richtung zum Riss und $\vec{e}_2$ senkrecht dazu, siehe Abbildung 4.3. Der Basisvektor $\vec{e}_3$ steht senkrecht auf dieser Ebene. Mit den in den Gleichungen (4.14) und (4.15) angegebenen Materialparametern G und ν werden der Schermodul und die Querkontraktionszahl bezeichnet.

Die Spannungsintensitätsfaktoren K_I and K_{II} sind ein Maß für die Stärke der $1/\sqrt{r}$-Singularität und charakterisieren dabei die mechanischen Felder in unmittelbarer Nähe der Rissspitze vollständig. Geht man davon aus, dass eine Rissausbreitung die Konsequenz erhöhter charakteristischer Spannungen in der Nähe der Rissspitze ist und die Prozesszone sehr klein gegenüber den Abmessungen des Gebietes ist, in dem die Gleichungen (4.13) und (4.14) die mechanischen Felder charakterisieren, so stellen die Spannungsintensitätsfaktoren sinnvolle bruchmechanische Kenngrößen dar. Die Spannungsintensitätsfaktoren als Maß für die lokale Beanspruchung in Rissspitzennähe sind dabei abhängig von der äußeren Belastung, der Risslänge, der Geometrie des Prüfkörpers beziehungsweise Bauteils und der Lage des Risses im Festkörper.

Eine derartige Betrachtung ist auch noch für den Fall des Kleinbereichsfließens hinnehmbar. Dabei wird davon ausgegangen, dass sich in Rissspitzennähe aufgrund der Spannungskonzentration eine kleine plastische Zone ausbildet. Mit der Annahme, dass die Größe dieser Zone klein im Vergleich zur Größe des umschließenden Einflussgebietes der singulären Spannungsfelder ist, gilt die oben dargelegte Argumentation auch für diesen Fall.

4.3 Energiefreisetzungsrate

Globale Energiebetrachtungen vermeiden die Behandlung von Spannungssingularitäten und bieten eine alternative bruchmechanische Charakterisierung. Die Grundlage einer solchen Betrachtung ist die Energiebilanz bei einem Rissfortschritt in einem Körper der Dicke b. Während der Rissausbreitung um da wird einerseits elastische Verzerrungsenergie W freigesetzt, andererseits ist die Arbeit der äußeren Kräfte W_{ext} zu berücksichtigen, sofern sich der Klemmenabstand während der Rissausbreitung ändert. Demgegenüber steht im idealen Fall eines Sprödbruches die für die Bildung der neuen Oberflächen $2\,dA = 2b\,da$ benötigte Energie γ_0. Griffith [41] formulierte somit die kritische Bedingung

$$\frac{dW_{ext}}{dA} - \frac{dW}{dA} = \gamma_0 \tag{4.16}$$

für den Bruch in spröden Materialien. Die linke Seite der Gleichung (4.16) bezeichnet man als Energiefreisetzungsrate $\mathfrak{G}$, definiert durch

$$\mathfrak{G} = \frac{dW_{ext}}{dA} - \frac{dW}{dA}. \tag{4.17}$$

Sie stellt den Anteil an potentieller Energie dar, der bei einer infinitesimalen Rissverlängerung freigesetzt wird, das heißt dem Prüfkörper während der Rissausbreitung somit verloren geht.

Im Fall des idealen Sprödbruches geht man davon aus, dass keine dissipativen Prozesse in der Nähe der Rissspitze auftreten. Dies ist bei realen Materialien nicht der Fall. In Abhängigkeit vom jeweiligen Material treten aufgrund der erhöhten Beanspruchung in Rissfrontnähe ganz unterschiedliche dissipative Prozesse auf, deren Energiebeitrag γ_d im Vergleich zum Beitrag der Oberflächenenergie γ_0 wesentlich größer ist und somit in der Energiebilanz berücksichtigt werden muss. Diese Herangehensweise wurde von Irwin [60] und Orowan [100] vorgeschlagen, die von der Annahme ausgingen, dass die dissipativen Prozesse in Rissfrontnähe charakteristisch für die Ausbreitung eines Risses sind. Demnach verändert sich Gleichung (4.16) zu

$$\frac{dW_{ext}}{dA} - \frac{dW}{dA} = \gamma = \gamma_0 + \gamma_d. \tag{4.18}$$

Einen Spezialfall stellt eine Rissausbreitung bei einem konstanten Klemmenabstand dar. Die äußeren Kräfte verrichten in diesem Fall keine Arbeit und die Energie, die für Rissausbreitung notwendig ist, kommt allein aus dem Verlust der elastisch gespeicherten Verzerrungsenergie des Körpers.

Für die Anwendung bei Elastomeren ist die Energiebilanz von entscheidender Bedeutung, da eine lokale Charakterisierung aufgrund der großen Deformierbarkeit und viskoelastischer Eigenschaften nicht mehr möglich ist. Es ist jedoch zu beachten, dass eine Energiedissipation bei Elastomeren grundsätzlich nicht nur auf die unmittelbare Umgebung der Rissfront beschränkt ist, sondern im gesamten Körper auftritt. Des Weiteren steht diese Energiedissipation nicht allein mit der Rissausbreitung im Zusammenhang, sondern hängt ebenfalls von der konkreten Belastung und deren Vorgeschichte ab. So kann zum Beispiel in einem dynamisch belasteten Elastomerprüfkörper auch ohne eine Veränderung der Risslänge Energie dissipiert werden. Verändert sich die Risslänge, so kommt zu diesem Anteil noch ein Verlust an potentieller Energie aufgrund des Rissfortschrittes sowie damit einhergehender dissipativer Prozesse hinzu. Unterschiedliche Anteile des Energieverlustes voneinander zu trennen, ist in der Regel nicht möglich. Unter bestimmten Bedingungen, das heißt bei quasistatischer Belastung des Prüfkörpers und entsprechender Vorkonditionierung der Proben, sollte es möglich sein, die durch die konkreten Belastungsbedingungen verursachte Energiedissipation zu minimieren, so dass nur die Energieverluste experimentell bestimmt werden, die mit der Rissausbreitung in Verbindung stehen. Details zu dieser Problematik sind Kapitel 5 zu entnehmen.

Es sollte beachtet werden, dass mit den Gleichungen (4.16) und (4.18) das Gleichgewicht zwischen freigesetzter potentieller Energie und der zur Rissausbreitung benötigten Energie gekennzeichnet wird. Für eine instabile Ausbreitung eines Risses sollte jedoch

$$\frac{d}{dA}\left(\frac{dW_{ext}}{dA} - \frac{dW}{dA}\right) \geq \frac{d\gamma}{dA} \tag{4.19}$$

gelten. Dabei ist die rechte Seite von Gleichung (4.19) nicht erzwungenermaßen Null. Die zur Rissausbreitung benötigte Energie kann in Abhängigkeit von den jeweiligen dissipativen Prozessen und den Abmessungen des Gebietes, in dem diese Prozesse ablaufen, auch von anderen Größen wie zum Beispiel der Risslänge beeinflusst werden.

Es sei angemerkt, dass bei größeren Rissgeschwindigkeiten, das heißt bei einer instabilen Rissausbreitung, die kinetische Energie in der Energiebilanz aufgrund sehr hoher lokaler Beanspruchungsraten nicht vernachlässigt werden darf, siehe zum Beispiel Freund [32].

4.4 J-Integral

Um eine Beziehung zwischen der lokalen Beanspruchung in Rissspitzennähe und einer auf der globalen Energiebilanz basierenden bruchmechanischen Charakterisierung zu erhalten, stellt das ursprünglich von Rice [114] und Cherepanov [19] eingeführte Linienintegral

$$\mathfrak{J} = \int\limits_{\Gamma} \left(W_g^* \, dx_2 - \sigma_{ji} n_j \frac{\partial u_i}{\partial x_1} \, dL \right) \tag{4.20}$$

entlang einer Integrationskontur Γ eine geeignete Möglichkeit dar. Die Kontur Γ umschließt dabei die Rissspitze mit dem Beginn an einer Rissflanke und ihrem Ende an der gegenüberliegenden Rissflanke, siehe Abbildung 4.4.

Mit W_g^* wurde von Rice [114] die Gesamtverzerrungsenergiedichte

$$W_g^*(\varepsilon_{kl}) = \int\limits_0^{\varepsilon_{kl}} \sigma_{ij} \, d\varepsilon_{ij} \tag{4.21}$$

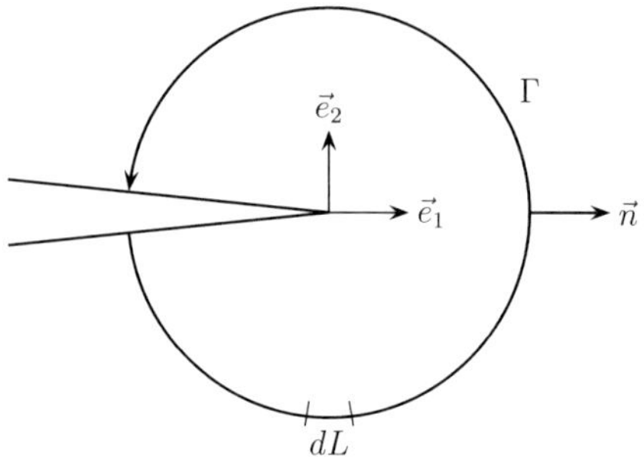

Abbildung 4.4: Definition einer Integrationskontur zur Berechnung des J-Integrals

bezeichnet. Führt Γ durch ein Gebiet, das rein elastisch deformiert wird, so sind die Gesamtverzerrungsenergiedichte und die elastische Verzerrungsenergiedichte gleich. Diese Unterscheidung zwischen der Gesamtverzerrungsenergiedichte W_g^* und der elastischen Verzerrungsenergiedichte W^* ist insbesondere für die Verallgemeinerung des J-Integrals für den Fall, dass die Kontur Γ durch ein Gebiet verläuft, in dem dissipative Prozesse ablaufen, wichtig. Für eine Weiterentwicklung im Fall der Fließbruchmechanik wurde sich jedoch auf Gleichung (4.21) berufen, was zu diversen Einschränkungen hinsichtlich der energetischen Interpretation bei elastisch-plastischem Materialverhalten führt, siehe Abschnitt 4.5.

Das J-Integral beruht auf einer Energiebilanz für elastische Körper. Es beschreibt in diesem Fall die Energiefreisetzungsrate

$$\mathfrak{J} = -\frac{d\Pi}{dA} = \mathfrak{G} \tag{4.22}$$

mit

$$\Pi = W - W_{ext} \tag{4.23}$$

bei einer Rissverlängerung. Das J-Integral ist bei elastischen Festkörpern ein wegunabhängiges Integral und gilt somit für beliebige Integrationspfade Γ im elastischen Gebiet um die Rissspitze oder den Kerbgrund.

Im Fall der linearen Elastizität und den in den Gleichungen (4.13) und (4.14) angegebenen elastischen Rissspitzennahfeldern erhält man für eine Integrationskontur im Einflussgebiet der singulären Spannungsfelder außerhalb der Bruchprozesszone die Beziehung

$$\mathfrak{J} = \mathfrak{G} = \frac{1}{\bar{E}}\left(K_I^2 + K_{II}^2\right) \qquad \bar{E} = \begin{cases} E & \text{ESZ,} \\ \dfrac{E}{1-\nu^2} & \text{EVZ.} \end{cases} \tag{4.24}$$

Da alle dissipativen Prozesse in der Bruchprozesszone lokalisiert bleiben, beschreibt das J-Integral dann die Beziehung zwischen der Energiefreisetzungsrate $\mathfrak{G}$ und den Spannungsintensitätsfaktoren K_I und K_{II}.

Wichtig bei der Interpretation des J-Integrals als Energiefreisetzungsrate ist, dass alle Gebiete, in denen dissipative Prozesse stattfinden, von der gewählten Kontur eingeschlossen werden. Diese Voraussetzung ist bei Elastomeren nicht mehr gegeben, da im gesamten Körper Energie aufgrund eines viskoelastischen Materialverhaltens und in hochgefüllten Elastomeren ebenfalls durch eine Veränderung der Füllstoffstruktur dissipiert wird und sich diese Prozesse nicht auf die unmittelbare Nähe der Rissfront konzentrieren. Somit wird jede gewählte Integrationskontur in der Regel durch ein dissipatives Gebiet führen, was zu einer Abhängigkeit des Wertes von der jeweiligen Integrationskontur führt. Im Sinne einer Energiebilanz sollte dann der Term für W_g^* bei Elastomeren nicht der Gesamtverzerrungsenergiedichte entsprechen, sondern nur ihrem elastischen Anteil. Dieser Sachverhalt und weitere Aussagen zur physikalischen Bedeutung in Hinblick auf die Grenzen von Materialbeschreibungen im Rahmen der Kontinuumstheorie sind dem Kapitel 5 zu entnehmen.

4.5 Elastisch-plastische Bruchmechanik

Sind die Bedingungen für Kleinbereichsfließen verletzt und geht man weiterhin von der Annahme aus, dass eine Rissausbreitung durch den örtlichen Beanspruchungszustand im rissspitzennahen Bereich verursacht wird, so wird dieser Beanspruchungszustand nicht mehr ausreichend durch das elastische Beanspruchungsfeld außerhalb der plastischen Zone, angegeben durch die Gleichungen (4.13) und (4.14), beschrieben. In diesem Fall hat jedoch unter bestimmten Annahmen das J-Integral auch eine Bedeutung bei der lokalen Charakterisierung der Beanspruchungen.

Sowohl Hutchinson [58] als auch Rice und Rosengren [109] zeigten, dass eine solche lokale Charakterisierung der Rissspitzennahfelder durch das J-Integral für ein Potenzgesetz zwischen den Spannungen und Verzerrungen möglich ist. Dabei verwendeten sie ein Materialgesetz nach Ramberg und Osgood [110], welches in guter Näherung die einachsige

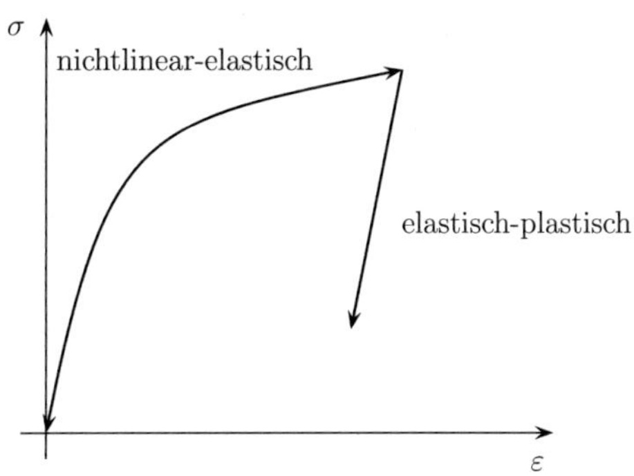

Abbildung 4.5: Schematischer Verlauf der Beziehung zwischen der Spannung σ und der Verzerrung ε für ein verfestigendes elastisch-plastisches Materialverhalten im Vergleich zu einem nichtlinear-elastischen Materialverhalten

Belastungskurve des elastisch-plastischen Materialverhaltens eines metallischen Werkstoffes mit isotroper Verfestigung unter der Annnahme kleiner Deformationen beschreibt. Im einachsigen Fall wird diese Belastungskurve durch

$$\frac{\varepsilon}{\varepsilon^y} = \frac{\sigma}{\sigma^y} + \alpha_y \left(\frac{\sigma}{\sigma^y}\right)^n \tag{4.25}$$

beschrieben. Gleichung (4.25) verknüpft die Verzerrungen ε mit den Spannungen σ durch die dimensionslosen Materialparameter n und α_y. Der Exponent $n > 1$ ist dabei der Verfestigungsexponent und mit σ^y und ε^y werden die Fließspannung und die entsprechende Verzerrung $\varepsilon^y = \sigma^y/E$ bezeichnet. Es ist jedoch zu beachten, dass Gleichung (4.25) in elastisch-plastischen Werkstoffen nur die Belastungskurve, jedoch nicht die Entlastungskurve beschreibt, siehe Abbildung 4.5. Daher ist diese Gleichung in einem elastisch-plastischen Material, streng genommen, nur für monoton ansteigende proportionale Belastung gültig. In diesem Fall wird ein elastisch-plastisches Materialverhalten als äquivalent zu einem nichtlinear-elastischen Verhalten gemäß Gleichung (4.25) angesehen.

Aufgrund der Spannungskonzentration in Rissspitzennähe kann angenommen werden, dass die elastischen gegenüber den plastischen Deformationen vernachlässigt werden können. Mit der Verallgemeinerung von Gleichung (4.25) für dreiachsige Beanspruchungen unter den Annahmen einer isotropen Verfestigung sowie einer inkompressiblen plastischen Deformation unabhängig vom hydrostatischen Spannungszustand ergeben sich im Fall einer Mode I-Beanspruchung Rissspitzennahfelder mit einem asymptotischen Verhalten entsprechend

$$\sigma_{ij} \propto \left(\frac{\mathfrak{J}}{r}\right)^{\frac{1}{n+1}} \tilde{\sigma}_{ij}(\varphi, n), \tag{4.26}$$

$$\varepsilon_{ij} \propto \left(\frac{\mathfrak{J}}{r}\right)^{\frac{n}{n+1}} \tilde{\varepsilon}_{ij}(\varphi, n) \tag{4.27}$$

und

$$u_i \propto \left(\frac{\mathfrak{J}}{r}\right)^{\frac{n}{n+1}} r^{\frac{1}{n+1}}\, \tilde{u}_i(\varphi, n). \tag{4.28}$$

Dabei sind $\tilde{\sigma}_{ij}$, $\tilde{\varepsilon}_{ij}$ und $\tilde{u}_i$ vom Winkel φ und vom Verfestigungsexponenten n abhängige dimensionslose Funktionen. Das J-Integral als Nahfeldintegral hat in diesem Fall nicht nur eine energetische Bedeutung sondern charakterisiert somit auch die singulären plastischen Rissspitzennahfelder, auch HRR-Felder nach Hutchinson, Rice und Rosengreen genannt.

Die Interpretation des J-Integrals als Stärke der HRR-Singularität ist jedoch mit einigen Annahmen verbunden. In der Deformationstheorie wird davon ausgegangen, dass sich eine Spannungsverteilung proportional zur angelegten Belastung einstellt. Solange keine lokalen Entlastungen auftreten und sich das Materialverhalten in der Nähe der Rissspitze durch ein Potenzgesetz, ähnlich Gleichung (4.25), beschreiben lässt, gibt es in der Beschreibung keine Unterschiede zwischen einem elastischen und einem elastisch-plastischen Materialverhalten. Dies ist der Fall für stationäre Risse bei einer proportional steigenden äußeren Belastung. Bei einer Rissausbreitung treten hingegen lokale Entlastungen in der Nähe der neu gebildeten Bruchflächen auf. Allerdings sind bei einer relativ geringen stabilen Rissausbreitung diese Effekte vernachlässigbar, sofern die Gebiete nichtproportionaler

Belastung in Rissspitzennähe in wesentlich größere Gebiete proportionaler Belastung eingebettet sind, siehe Anderson [3]. Es sei noch angemerkt, dass bei der Herleitung der HRR-Felder weder der Einfluss der Rissspitzenaufweitung auf die Spannungsfelder noch große Verzerrungen berücksichtigt wurden.

Es ist zu beachten, dass bei dieser Interpretation des J-Integrals der Term W_g^* in Gleichung (4.20) der Gesamtverzerrungsenergiedichte entspricht. Sie enthält nicht nur den elastischen, sondern auch den plastischen Anteil. Die Beschreibung des elastisch-plastischen Materialverhaltens durch die Deformationstheorie ergibt beim J-Integral somit eine Pseudoenergiefreisetzungsrate. Sie entspricht nicht der freigesetzten elastischen Energie, sondern stellt ein Maß für die gesamte Arbeit dar, siehe Abschnitt 5.4. Die auf der experimentellen Bestimmung des J-Integrals basierenden Risswiderstandskurven zur Charakterisierung des stabilen Rissausbreitungsverhaltens sind demzufolge ein Maß für die Gesamtenergie, die in den jeweiligen Prüfkörper eingebracht wurde, um ein gewisses stabiles Risswachstum Δa zu erreichen. Nur ein Teil dieser Energie ist jedoch als elastische Verzerrungsenergie im Körper gespeichert.

Aus diesem Grund ist für eine experimentelle Charakterisierung der stabilen Rissausbreitung, die auf der Energiebilanz beruht, eher die in Abschnitt 5.4 eingeführte Dissipationsrate $\mathfrak{D}$ geeignet. Schwierigkeiten und Einschränkungen, die sich aus der Interpretation des J-Integrals als Stärke der HRR-Felder in Rissspitzennähe ergeben, umgeht man damit. Eine zur Dissipationsrate äquivalente Größe kann ebenfalls aus Finite-Elemente-Berechnungen ermittelt werden. Eine solche Größe ist eng mit sogenannten Energieflussintegralen verbunden, wobei das J-Integral, basierend auf der Definition mit der elastischen Verzerrungsenergiedichte, einen Spezialfall ebenjener darstellt.

Sieht man von füllstoffinduzierter Energiedissipation ab, so verhalten sich Elastomere unter quasistatischer Beanspruchung in erster Linie nichtlinear-elastisch. Folglich kann man davon ausgehen, dass es in ungekerbten Prüfkörpern nur geringe Unterschiede zwischen Be- und Entlastungskurven gibt. Allerdings sind die Deformationen, die in Rissspitzennähe eines rissbehafteten Prüfkörpers auftreten, nicht mehr als klein anzunehmen. Auch ist die Annahme, dass sich in Rissspitzennähe das Deformationsverhalten durch ein Potenzgesetz, siehe Gleichung (4.25), beschreiben lässt, nicht haltbar, da die Versteifung nahe der endlichen Verstreckbarkeit des Polymernetzwerkes dadurch nicht beschrieben werden kann. Eine Interpretation des J-Integrals als Maß für die Stärke einer Singularität der Rissspitzennahfelder ist somit bei Elastomeren nicht angebracht.

Kapitel 5

Globale Energiebilanz bei Rissfortschritt in dissipativen Materialien

Da aufgrund der großen Deformierbarkeit von Elastomeren eine allgemeine Charakterisierung der Felder in der Nähe der Rissfront nicht möglich ist, wird die Charakterisierung der Rissausbreitung in diesen Materialien generell über eine globale Energiebilanz des Prüfkörpers bewerkstelligt, siehe auch die Definition der Reißenergie von Rivlin and Thomas [115] in Abschnitt 6.1. Eine solche Vorgehensweise ist jedoch bei Elastomeren mit der Schwierigkeit verbunden, dass einerseits energiedissipative Prozesse im gesamten Prüfkörper auftreten und nicht nur auf die unmittelbare Nähe der Rissfront beschränkt bleiben. Andererseits stehen diese Prozesse nicht nur mit der Rissausbreitung in Verbindung, sondern hängen auch von der jeweiligen aktuellen und vergangenen Belastungssituation sowie der Prüfkörperform und dessen Abmessungen ab.

Wie bereits in Kapitel 4 gezeigt wurde, kann über das J-Integral die Energiefreisetzungsrate bei Rissfortschritt in einem elastischen Festkörper berechnet werden. In derartigen Festkörpern treten dissipative Prozesse ausschließlich in Rissfrontnähe auf und sind dort Folge einer erhöhten Beanspruchung aufgrund des Vorhandenseins eines Kerbes oder Risses. In diesem Fall stellt das J-Integral eine einzig auf die Rissausbreitung bezogene energetische Größe dar. Sofern diese Annahmen, wie im Fall von Elastomeren, generell nicht mehr getroffen werden können, stellt sich die Frage nach einer physikalisch sinnvollen Verallgemeinerung des J-Integrals.

In diesem Zusammenhang wird im folgenden Abschnitt zuerst auf die allgemeine Beschreibung dissipativen Materialverhaltens mit Hilfe innerer Zustandsvariablen eingegangen, wobei explizit zwischen dissipativen Prozessen mit und ohne inhärente Zeitskalen unterschieden werden soll. Anschließend wird die globale Energiebilanz in einem dissipativen Festkörper bei Rissfortschritt analysiert. Um den Einfluss zeitabhängiger dissipativer Prozesse zu erfassen, wird allerdings von der Energiebilanz in Ratenform ausgegangen. Es wird gezeigt, welche Annahmen notwendig sind, um zum J-Integral zu gelangen. Diese Annahmen werden bezüglich der möglichen dissipativen Effekte in Elastomeren und der physikalischen Größe Energie diskutiert. Im letzten Teil dieses Abschnittes soll auf eine experimentelle Charakterisierung der Rissausbreitung durch eine sogenannte Dissipationsrate eingegangen werden, die ebenfalls ihren Ursprung in der Energiebilanz hat. Eine solche ist notwendig, wenn Experiment und Berechnung verglichen werden sollen.

5.1 Dissipatives Materialverhalten und innere Zustandsvariablen

Wie schon in Abschnitt 3.2.2 am Beispiel der Viskoelastizität gezeigt, kann dissipatives Materialverhalten generell mit Hilfe innerer Zustandsvariablen beschrieben werden, siehe Maugin und Muschik [84, 85]. Bei dieser Beschreibung dissipativer Prozesse wird der Zustand eines materiellen Punktes des Kontinuums nicht mehr eindeutig durch Observablen, in diesem Fall dem Verzerrungstensor ε_{ij}, beschrieben, sondern zusätzlich durch einen Satz innerer Zustandsvariablen, im Folgenden mit α_k bezeichnet. Es sei angemerkt, dass diese Variablen nicht zwingend skalare Variablen sind. Sie können auch Tensoren höherer Stufe darstellen. Innere Zustandsvariablen können nicht von außen gesteuert beziehungsweise kontrolliert werden. Durch einen dissipativen Prozess werden sie jedoch verändert. Eine solche Veränderung geht mit einer Entropieproduktion und folglich mit einer Energiedissipation einher.

In der Regel werden im Rahmen bruchmechanischer Überlegungen isotherme dissipative Prozesse angenommen, das heißt, es sind keine thermischen Beiträge in der Energie- und Entropiebilanz zu berücksichtigen. Mit dissipierter Energie sind in diesem Fall mechanische Energieanteile gemeint, die dem System durch plastische oder viskose Deformationen beziehungsweise durch eine Materialschädigung verloren gehen. Eine Entropieproduktion geht in dem Fall eindeutig mit einem mechanischen dissipativen Prozess einher.

Es soll hier explizit zwischen inneren Zustandsvariablen mit und ohne inhärenter Zeitskale, siehe Maugin [80,83], unterschieden und in Bezug auf deren Auswirkung hinsichtlich bruchmechanischer Kenngrößen diskutiert werden. Der Begriff Zeitskala bezieht sich dabei immer auf die charakteristische Zeitskala des jeweiligen dissipativen Prozesses und wird im Verhältnis zur Zeitskala der makroskopischen Modellierung betrachtet. Wenn die entsprechende charakteristische Zeitskale des dissipativen Prozesses sehr viel kleiner im Vergleich zur makroskopischen Zeitskale der Modellierung ist, befindet man sich auf der makroskopischen Zeitskale immer im Gleichgewichtszustand, da die dissipativen Prozesse sehr schnell ablaufen. Demzufolge enthält die betreffende Evolutionsgleichung für eine solche innere Zustandsvariable keine explizite Zeitskale, wie zum Beispiel im Fall der Plastizität. Dahingegen ist zum Beispiel ein viskoelastisches Materialverhalten eines mit expliziten Zeitskalen, die die Evolution der inneren Zustandsvariablen auch auf der makroskopischen Zeitskale maßgeblich beeinflussen.

Den Ausgangspunkt der folgenden Analyse bilden globale Bilanzgleichungen in Ratenform. Nach Einführung entsprechender Volumendichten der entsprechenden Größen und unter Annahme einer ausreichenden Kontinuität aller Felder können lokale Bilanzgleichungen abgeleitet werden. In Hinblick auf die energetische Charakterisierung der Rissausbreitung sollen im Folgenden jedoch nur Energie- und Entropiebilanz ausführlich in dieser Hinsicht diskutiert werden. Dynamische Beiträge sollen neben den thermischen ebenfalls unberücksichtigt bleiben. Alle Ausführungen werden im Rahmen kleiner Verzerrungen durchgeführt. Selbstverständlich sind diese Ausführungen auch im Rahmen finiter Deformationen möglich und für Elastomere auch notwendig. Die Herleitung würde dadurch jedoch an Anschaulichkeit verlieren. Die physikalische Aussage bleibt dabei diesselbe. Ziel dieser Analyse ist daher die Beantwortung der Frage nach einer physikalischen Interpretation von bruchmechanischen Parametern in dissipativen Materialien, wenn diese einzig und allein auf der Energiebilanz beruhen, wie das bei Elastomeren der Fall ist.

Betrachtet man einen Festkörper B begrenzt durch seinen Rand ∂B, so kann die globale Energiebilanz in Ratenform durch

$$\dot{U} = P_{ext} \tag{5.1}$$

beschrieben werden. Dabei sind U die innnere Energie und

$$P_{ext} = \int\limits_{\partial B} \sigma_{ji} n_j v_i \, dA \tag{5.2}$$

die durch die äußeren Kräfte verrichtete Leistung, wobei σ_{ji}, n_j und v_i den Spannungstensor, den nach außen gerichteten Normalenvektor und die Geschwindigkeit eines materiellen Punktes des Randes ∂B bezeichnen. Die Einführung der Volumendichte U^* der inneren Energie U durch

$$U = \int\limits_{B} U^* \, dV \tag{5.3}$$

ergibt aus Gleichung (5.1)

$$\dot{U}^* = \sigma_{ji} \dot{\varepsilon}_{ij} \tag{5.4}$$

unter Benutzung des Gaußschen Integralsatzes, siehe Bronstein et al. [16], der lokalen Impulsbilanz, siehe Gleichung (4.1) sowie der Ausnutzung der Symmetrie des Spannungstensors.

Durch Einführung der Volumendichte der freien Energie mittels

$$W^* = U^* - TS^*, \tag{5.5}$$

wobei mit T und S^* die während des Prozesses konstante Temperatur sowie die Entropievolumendichte bezeichnet werden, erhält man

$$\dot{W}^* + T\dot{S}^* = \sigma_{ji} \dot{\varepsilon}_{ij}. \tag{5.6}$$

Dabei ist der Ausdruck

$$\Phi^* = T\dot{S}^* = -\dot{W}^* + \sigma_{ji} \dot{\varepsilon}_{ij} \geq 0 \tag{5.7}$$

die isotherme Form der Clausius-Duhem-Ungleichung, welche die Volumendichte der dissipierten Leistung Φ^* während eines Prozesses quantifiziert.

Eine vollständige Beschreibung des mechanischen dissipativen Verhaltens eines konkreten Materials erfolgt über eine geeignete Formulierung der freien Energiedichte $W^*(\varepsilon_{ij}, \alpha_k)$ als Funktion der Observablen, das heißt des Verzerrungstensors ε_{ij}, und einer Anzahl von inneren Zustandsvariablen α_k. Die Zustandgleichungen ergeben sich somit aus

$$\sigma_{ji} = \frac{\partial W^*}{\partial \varepsilon_{ij}} \tag{5.8}$$

und

$$A_k = -\frac{\partial W^*}{\partial \alpha_k}. \tag{5.9}$$

Dabei ist der Spannungstensor σ_{ji} die thermodynamisch konjugierte Größe zum Verzerrungstensor ε_{ij}. Die Größe A_k ist die zur inneren Zustandsvariable α_k thermodynamisch konjugierte Größe.

Während über die freie Energiedichte W^* das elastische Verhalten des Materials beschrieben wird, verändern dissipative Prozesse die inneren Variablen α_k. Daher wird zur vollständigen Beschreibung des Materialverhaltens für jede innere Variable α_k eine Evolutionsgleichung

$$\dot{\alpha}_k = \dot{\alpha}_k(A_k, \ldots) \tag{5.10}$$

benötigt, die eine Änderung der jeweiligen inneren Zustandsvariable in Abhängigkeit vom zugrunde liegenden physikalischen Mechanismus beschreibt. Der zweite Hauptsatz der Thermodynamik, siehe Gleichung (5.7), ergibt sich dann zu

$$\Phi^* = \sum_k A_k \dot{\alpha}_k \geq 0. \tag{5.11}$$

Wie in Gleichung (5.11) zu sehen, geht eine Änderung einer inneren Zustandsvariable α_k mit einer Energiedissipation einher.

Es sei angemerkt, dass sich die Evolutionsgleichungen grundlegend unterscheiden, je nachdem, ob der jeweilige dissipative Prozess durch inhärente Zeitskalen beeinflusst wird oder nicht. Auf die Auswirkungen dieses Unterschiedes auf bruchmechanische Kenngrößen wird gesondert in Abschnitt 5.2 eingegangen.

In Hinblick auf eine globale Energiebilanz, welche die Basis der Charakterisierung der Rissausbreitung in Elastomeren darstellt, wird Gleichung (5.6) über B integriert. Die dissipierte Energie pro Zeit im gesamten Körper kann daher durch

$$\Phi = \int_B \Phi^* dV = P_{ext} - \int_B \dot{W}^* \, dV \tag{5.12}$$

angegeben werden. Die Gleichung (5.12) stellt den Ausgangspunkt für die Energiebetrachtung bei Rissfortschritt in einem dissipativen Festkörper dar.

5.2 Globale Energiebilanz bei Rissfortschritt

Aus thermodynamischer Sicht stellt die Ausbreitung eines Risses in einem Festkörper ein globales Phänomen dar. Global heißt, dass dem Körper immer elastische Verzerrungsenergie verloren geht, auch wenn keine dissipativen Effekte, wie im Fall des idealen Sprödbruches, auftreten. Hinzu kommen in realen Werkstoffen noch verschiedenste materialspezifische dissipative Prozesse, die diesen Verlust an elastischer Verzerrungsenergie vergrößern.

Die globale Energiebilanz eines rissbehafteten Körpers bei Rissfortschritt stellt somit die Grundlage der bruchmechanischen Charakterisierung nicht nur bei Elastomeren dar. Dabei sollen, wie im vorangegangenen Abschnitt dargelegt, thermische Beiträge unberücksichtigt bleiben. Es ist jedoch zu beachten, dass bei Elastomeren dissipative Prozesse im gesamten Körper auftreten können und nicht nur, wie im Fall der linear elastischen Bruchmechanik, auf die unmittelbare Nähe der Rissfront beschränkt bleiben. So bleibt zu klären, welche Bedeutung dem J-Integral oder verwandten Größen zur Charakterisierung der Rissausbreitung in diesem Fall beigemessen werden kann.

Ausgangspunkt für die energetische bruchmechanische Charakterisierung der Rissausbreitung ist die globale Energiebilanz in Ratenform, siehe Gleichung (5.12). Es wird demnach der Verlust an elastisch gespeicherter Verzerrungsenergie pro Zeit bei einem Rissfortschritt unter einer äußeren Belastung in einem dissipativen Körper B betrachtet. Es ist jedoch zu beachten, dass in Elastomeren aufgrund dissipativer Prozesse auch ein Verlust an elastischer Verformungsenergie zu erwarten ist, selbst wenn kein Rissfortschritt auftritt. Bei einem Rissfortschritt in einem dissipativen Werkstoff ist somit die grundlegende Frage zu klären, ob dieser Energieverlust mit der Rissausbreitung in Verbindung steht. Ist dies der Fall, so ist der entsprechende Energieverlust charakteristisch für den Prozess der Rissausbreitung. Wird jedoch ein Teil der Energiedissipation nicht durch die Rissausbreitung sondern durch die jeweilige äußere Belastung verursacht, so ist der gesamte Energieverlust nicht mehr charakteristisch für die Rissausbreitung im Werkstoff.

Im Folgenden werden die Betrachtungen, wie in der Bruchmechanik meist üblich, auf den ebenen Fall beschränkt. Es wird ein rissbehafteter Körper der Dicke b betrachtet, wobei angenommen wird, dass sich die mechanischen Felder in Dickenrichtung nicht ändern, so dass $dV = b\,dA$ ist. Der Riss der Länge a breitet sich bei einer äußeren Belastung des Körpers mit der Geschwindigkeit $v_c = \dot{a}$ aus. Es soll jedoch vorerst angenommen werden, dass der Riss dabei seine ursprüngliche Richtung, hier in Richtung $\vec{e}_1$, beibehält und nicht abgelenkt wird. Für eine Diskussion des Falls der Rissablenkung wird auf Abschnitt 5.3 verwiesen. Es soll weiterhin eingeschränkt werden, dass die Rissflanken S^+ und S^- lastfrei sind. Der Körper $B = b\,A$ wird nur am Rand $\partial B = b\,\partial A$ belastet. Das dissipative Materialverhalten in B soll mit Hilfe innerer Zustandsvariablen beschrieben werden. Dynamische und thermische Beiträge sollen vernachlässigt werden.

Unter den beschriebenen Annahmen wird der Verlust an elastisch gespeicherter Energie pro Zeit demzufolge mit der Dicke b des Körpers normiert, das heißt

$$\frac{\Phi}{b} = \int\limits_{\partial A} \sigma_{ji} n_j v_i \, dL - \int\limits_{A} \dot{W}^* \, dA. \tag{5.13}$$

Zur Auswertung von Gleichung (5.13) bei einem fortschreitenden Riss ist es notwendig, eine Kontur Γ zu definieren, die die Rissspitze umschließt und deren Anfang und Ende an den gegenüberliegenden Rissflanken sind, siehe Abbildung 5.1. Diese Kontur teilt das Gebiet A in die zwei Teile A_Γ und $A - A_\Gamma$. Es wird angenommen, dass sich das von Γ und Teilen der Rissflanken eingeschlossene Gebiet A_Γ bei Rissfortschritt mit der Geschwindigkeit v_c zusammen mit der Rissspitze in Richtung $\vec{e}_1$ bewegt. Aufgrund eines sich zeitlich verändernden Gebietes müssen für die Zeitableitungen eines festen materiellen Punktes des Kontinuums in A_Γ konvektive Terme berücksichtigt werden. Somit ergibt sich aus Gleichung (5.13) unter Berücksichtigung des Reynolds-Transport-Theorems [113]

$$\frac{\Phi}{b} = \int\limits_{\partial A} \sigma_{ji} n_j v_i \, dL - \int\limits_{A-A_\Gamma} \dot{W}^* \, dA + \int\limits_{\Gamma} (W^* v_c n_1) \, dL - \int\limits_{A_\Gamma} \dot{W}^* \, dA. \tag{5.14}$$

Unter Verwendung von Gleichung (5.11) erhält man im Gebiet $A - A_\Gamma$

$$\int\limits_{\partial A} \sigma_{ji} n_j v_i \, dL - \int\limits_{A-A_\Gamma} \dot{W}^* \, dA = \int\limits_{A-A_\Gamma} \sum_k A_k \dot{\alpha}_k \, dA + \int\limits_{\Gamma} \left(\sigma_{ji} n_j \frac{\partial u_i}{\partial t} \right) dL, \tag{5.15}$$

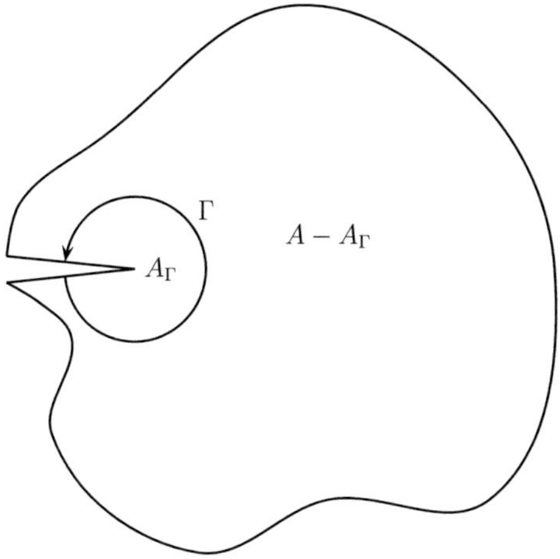

Abbildung 5.1: Einteilung unterschiedlicher Integrationsgebiete durch Einführung einer rissumschließenden Kontur Γ

so dass aus Gleichung (5.14)

$$\frac{\Phi}{b} = \int\limits_{A-A_\Gamma} \sum_k A_k \dot{\alpha}_k \, dA + \int\limits_\Gamma \left(W^* v_c n_1 + \sigma_{ji} n_j \frac{\partial u_i}{\partial t} \right) dL - \int\limits_{A_\Gamma} \dot{W}^* \, dA \tag{5.16}$$

resultiert. Der auf die Dicke b des Körpers bezogene Verlust an elastischer Verzerrungsenergie pro Zeit setzt sich somit aus unterschiedlichen Anteilen zusammen. Der erste Term der rechten Seite von Gleichung (5.16) gibt den Energieverlust außerhalb der Kontur Γ aufgrund eines dissipativen Materialverhaltens an. Der zweite Term der rechten Seite von Gleichung (5.16) charakterisiert den Energiefluss durch Γ in das Gebiet A_Γ und der dritte Anteil entspricht einer Änderung elastisch gespeicherter Energie im Gebiet A_Γ.

Insbesondere die letzten beiden Terme der rechten Seite von Gleichung (5.16) bedürfen einer gesonderten Betrachtung. Mit A_Γ wird ein Gebiet betrachtet, welches sich mit der Rissspitze mitbewegt. Die Zeitableitung einer Größe in A_Γ im bewegten Koordinatensystem ist somit

$$\frac{d(\,)}{dt} = \frac{\partial(\,)}{\partial t} + \frac{\partial(\,)}{\partial x_1} v_c. \tag{5.17}$$

Alternativ ausgedrückt ist eine zeitliche Änderung einer Größe an einen materiellen Punkt des Kontinuums

$$\frac{\partial(\,)}{\partial t} = \frac{d(\,)}{dt} - \frac{\partial(\,)}{\partial x_1} v_c. \tag{5.18}$$

Die zeitliche Änderung einer Größe besteht somit aus einem Anteil, der die Änderung dieser Größe im bewegten Koordinatensystem angibt und einem Anteil der sich aus dem

Produkt der Ortsableitung dieser Größe in Richtung der Rissausbreitung und der Rissgeschwindigkeit v_c ergibt. Der erste Term spiegelt somit die zeitliche Änderung einer Größe im bewegten Koordinatensystem, zum Beispiel bei Änderung der äußeren Belastung während einer Rissausbreitung, wieder. Der zweite Term repräsentiert die zeitliche Änderung der Größe aufgrund einer veränderten Lage des materiellen Punktes bezogen auf das bewegte Koordinatensystem.

Falls sich bei der Rissausbreitung ein charakteristischer Zustand des Materials in A_Γ, charakterisiert durch seine Zustandsvariablen ε_{ij} und α_k, nicht verändert, so gilt für jede Variable, die den Zustand eines materiellen Punktes in A_Γ charakterisiert,

$$\frac{\partial(\,)}{\partial t} = -\frac{\partial(\,)}{\partial x_1} v_c. \tag{5.19}$$

Die Änderung dieser Zustandsvariablen wird folglich allein durch die Ortsableitung in Rissrichtung und die Rissgeschwindigkeit v_c bestimmt. Ein charakteristischer Zustand wird somit von einem materiellen Punkt auf den in Richtung der Rissausbreitung benachbarten materiellen Punkt übertragen. Wenn alle Zustandsvariablen, sowohl ε_{ij} als auch α, innerhalb des mit dem Riss mitbewegten Gebietes A_Γ als invariant angesehen werden können, so verschwindet der letzte Term in Gleichung (5.16). Da dann auch für das Verschiebungsfeld

$$\frac{\partial u_i}{\partial t} = -\frac{\partial u_i}{\partial x_1} v_c \tag{5.20}$$

gilt, vereinfacht sich Gleichung (5.16) bei einer Invarianz charakteristischer Felder in A_Γ zu

$$\frac{\Phi}{b} = \int\limits_{A-A_\Gamma} \sum_k A_k \dot{\alpha}_k \, dA + v_c \int\limits_\Gamma \left(W^* n_1 - \sigma_{ji} n_j \frac{\partial u_i}{\partial x_1} \right) dL. \tag{5.21}$$

Sind weiterhin alle dissipativen Prozesse auf das Gebiet A_Γ beschränkt, so dass $\dot{\alpha}_k = 0$ im Gebiet $A - A_\Gamma$ ist, so erhält man aus Gleichung (5.21)

$$\frac{\Phi}{b} = \mathfrak{J}\, v_c. \tag{5.22}$$

Dabei ist

$$\mathfrak{J} = \int\limits_\Gamma \left(W^* n_1 - \sigma_{ji} n_j \frac{\partial u_i}{\partial x_1} \right) dL \tag{5.23}$$

äquivalent zum in Gleichung (4.20) eingeführten J-Integral. Das J-Integral kennzeichnet somit den auf die Probendicke normierten Energieverlust bei einem infinitesimalen Rissfortschritt unter den Annahmem, dass außerhalb der Kontur Γ keine Energiedissipation auftritt und ein charakteristischer Zustand in dem durch Γ und Teilen der Rissflanken eingeschlossenen Gebiet invariant mit der Rissspitze verschoben wird. Es ist somit offensichtlich, dass in diesem Fall das J-Integral auch für jede andere Integrationskontur außerhalb eines dissipativen Gebietes in Rissspitzennähe den gleichen Wert liefert.

Die Annahme invarianter charakteristischer Felder in A_Γ ist daher eine grundlegende Voraussetzung für die Anwendung des J-Integrals zur Charakterisierung der Rissausbreitung in Festkörpern. Invariante Felder sind durch charakteristische Zustände im bewegten

Koordinatensystem mit seinem Ursprung an der Rissspitze gekennzeichnet. Ein solcher charakteristischer Zustand wird durch die Zustandsvariablen ε_{ij} und α_k jedes materiellen Punktes in A_Γ charakterisiert. Betrachtet man die inneren Zustandsvariablen α_k, so stellt die Annahme invarianter Felder in A_Γ, das heißt

$$\frac{\partial \alpha_k}{\partial t} = -\frac{\partial \alpha_k}{\partial x_1} v_c, \tag{5.24}$$

nichts anderes als eine Evolutionsgleichung dieser Variablen dar. Innere Zustandsvariablen sind allerdings dadurch gekennzeichnet, dass sie nicht von außen kontrolliert werden können. Somit muss kritisch hinterfragt werden, ob für das jeweilige dissipative Materialverhalten Gleichung (5.24) konsistent mit Gleichung (5.10) ist. Für diesen Aspekt erweist sich in der Diskussion die Unterscheidung zwischen inneren Zustandsvariablen mit und ohne inhärenten Zeitskalen als vorteilhaft.

Betrachtet man innere Zustandsvariablen ohne inhärente Zeitskalen, so beschreiben diese dissipative Prozesse, welche sehr schnell im Vergleich zur Zeitskale der Modellierung ablaufen. Auf der Zeitskale der Modellierung ist dieser dissipative Prozess zu jedem Zeitpunkt schon abgeschlossen. Der Zustand eines materiellen Punktes ist folglich ein Gleichgewichtszustand. Geht die Ausbreitung eines Risses mit einer Translation einer in Rissspitzennähe erhöhten Beanspruchung als Ursache eines solchen dissipativen Prozesses einher, so ist dieser Prozess zu jedem Zeitpunkt auf der Zeitskale der Modellierung schon abgeschlossen. Anschaulich wird dieser Sachverhalt im Fall plastischen Materialverhaltens. Eine plastische Zone ist die Folge einer erhöhten Beanspruchung in Rissspitzennähe. Breitet sich der Riss aus, so wandert auch die erhöhte Beanspruchung und folglich ebenso die plastische Zone durch das Material. Eine solche Interpretation ist durchaus konsistent mit den Erkenntnissen der Bruchmechanik, die sich in erster Linie auf metallische Materialien mit einem elastisch-plastischen Verhalten beziehen. Im Fall innerer Zustandsvariablen ohne inhärente Zeitskale stehen die Gleichungen (5.24) und (5.10) somit nicht im Widerspruch zueinander. Die Annahme invarianter dissipativer Felder bei Rissfortschritt ist demzufolge gut begründet.

Anders liegt der Fall, wenn explizite Zeitskalen des Materials die Evolution der inneren Zustandsvariablen direkt beeinflussen, wie zum Beispiel im Fall viskoelastischen Materialverhaltens. Da die Evolution derartiger innerer Zustandsvariablen durch inhärente Zeitskalen des Materials beeinflusst wird, steht Gleichung (5.24) im Allgemeinen im Widerspruch zu Gleichung (5.10). Folglich ist die Annahme invarianter dissipativer Felder im Fall der Viskoelastizität generell nicht angebracht. Nur in Spezialfällen kann von einer Invarianz der Rissspitzennahfelder ausgegangen werden, siehe Kapitel 7 für die Berechnung invarianter viskoelastischer Rissspitzennahfelder in Abhängigkeit von der Rissgeschwindigkeit.

Treten dissipative Prozesse, die eine Folge der Rissausbreitung sind, im gesamten Körper auf und kann man außerdem von einer Invarianz dieser Felder bei Rissfortschritt ausgehen, so ist der Wert des J-Integrals als bruchmechanische Kenngröße zu berücksichtigen, der sich bei einer gewählten Fernfeldkontur ergibt, die das gesamte dissipative Gebiet umschließt, siehe Brocks [12] und Brocks und Yuan [15]. Jegliche Werte für Nahfeldkonturen sind abhängig von der jeweiligen gewählten Kontur und haben dann im Sinne einer energetischen Charakterisierung der Rissausbreitung keine Bedeutung.

Allerdings muss bemerkt werden, dass es mit Nahfeldintegralen durchaus möglich ist, eine Trennung der Anteile der makroskopischen von der gesamten Energiedissipation zu erreichen. Ein Rückschluss auf die für die Translation der Bruchprozesszone benötigte Energie würde somit möglich werden. Dazu ist es vorteilhaft, die konturabhängigen Werte des J-Integrals bei unterschiedlichen Integrationskonturen miteinander in Verbindung zu bringen. Man betrachtet den Energiefluss durch zwei unterschiedliche Konturen Γ_1 und Γ_2 unter der jeweiligen Annahme einer invarianten Translation des Zustandes im eingeschlossenen Gebiet $A_{\Gamma_1\Gamma_2}$, siehe Abbildung 5.2. Beide Energiebeiträge unterscheiden sich durch ein Flächenintegral, welches die Energiedissipation beschreibt, die aus einer invarianten Translation der inneren Zustandsvariablen im eingeschlossenen Gebiet resultiert. Eine solche Betrachtung führt auf

$$\mathfrak{J}_{\Gamma_1} = \mathfrak{J}_{\Gamma_2} + \int\limits_{A_{\Gamma_1\Gamma_2}} \sum_k A_k \frac{\partial \alpha_k}{\partial x_1}\, dA. \tag{5.25}$$

Der Wert des J-Integrals bei einer Nahfeldkontur Γ_1 kann demzufolge durch den Wert des J-Integrals bei einer Fernfeldkontur Γ_2 berechnet werden, wenn man Korrekturterme in Form eines Flächenintegrals berücksichtigt. Das Flächenintegral in Gleichung (5.25) steht dabei für den Energiebeitrag, der für eine invariante Translation eines dissipativen Feldes benötigt wird. Um den Energiefluss in eine, im Vergleich zu den makroskopischen Abmessungen des Körpers B kleine Bruchprozesszone zu ermitteln, wird der Übergang $\Gamma_1 \to 0$ vollzogen.

Derartige Erweiterungen des J-Integrals durch Korrekturterme sind in der Bruchmechanik durchaus bekannt. So wurden bereits unterschiedliche Modifizierungen des J-Integrals vorgeschlagen, um die Unabhängigkeit eines, aus der numerischen Lösung ermittelten bruchmechanischen Parameters von der gewählten Integrationskontur sicherzustellen, so zum Beispiel von Kishimoto [63], Atluri und Nishioka [5] und Simo und Honein [123]. Ein Überblick und eine Diskussion zu diesen Erweiterungen des J-Integrals sind Schimpfke [120] beziehungsweise Brocks [14] zu entnehmen. Ob ein solcher bruchmechanischer Parameter im Sinne einer Energie, die notwendig ist, um die Bruchprozesszone invariant mit dem Riss zu verschieben, interpretiert werden kann, hängt jedoch von der Güte der numerischen Lösung ab. Eine kritische Beurteilung, inwieweit das jeweilige benutzte Materialmodell die realen Zustände außerhalb der Bruchprozesszone wiedergeben kann und folglich die berechneten Felder mit den tatsächlichen Feldern in Rissfrontnähe übereinstimmen, ist demnach angebracht. Ein weiteres Problem besteht darin, dass ein solcher, durch ein Nahfeldintegral bestimmter Parameter nicht experimentell zugänglich ist. Man kann aus einem Experiment nur den gesamten Energieverlust während eines Prozesses ermitteln, siehe Abschnitt 5.4. Unterschiedliche Beiträge voneinander zu trennen, ist jedoch experimentell nicht möglich.

Wandelt man das Linienintegral der rechten Seite von Gleichung (5.25) mit Hilfe des Gaußschen Integralsatzes, siehe Bronstein et al. [16], in ein Flächenintegral um, so erhält man

$$\mathfrak{J}_{\Gamma_1} = \int\limits_{A_{\Gamma_1\Gamma_2}} \left(W^* \delta_{1j} - \sigma_{ji} \frac{\partial u_i}{\partial x_1} \right)_{,j} dA + \int\limits_{A_{\Gamma_1\Gamma_2}} \sum_k A_k \frac{\partial \alpha_k}{\partial x_1}\, dA. \tag{5.26}$$

Die in Gleichung (5.26) angegebene Darstellung zur Berechnung des J-Integrals einer Nahfeldkontur ist äquivalent zu Berechnungsformeln der Komponente in $\vec{e}_1$-Richtung einer sogenannten materiellen Kraft an der Rissspitze. In den letzten Jahren gewann der Begriff

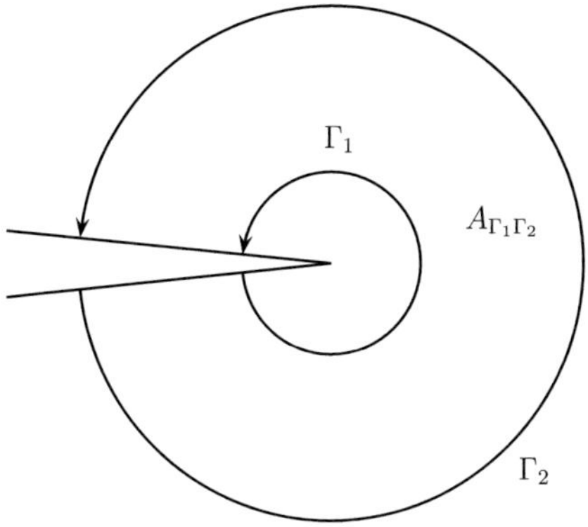

Abbildung 5.2: Definition zweier rissumschließender Integrationskonturen Γ_1 und Γ_2

der materiellen Kraft und deren Interpretation als treibende Kraft von Defekten eine große Bedeutung, siehe unter anderem Maugin [80–83] und Steinmann [126, 127]. Zwar wurde die an einer Rissspitze wirkende materielle Kraft im Sinne einer energetischen Größe interpretiert, den Ausgangspunkt zu deren Herleitung stellte jedoch nicht eine globale Energiebilanz, sondern eine lokale Impulsbilanz, siehe Gleichung (4.1), dar.

Zur Berechnung dieser materiellen Kräfte wird im Fall kleiner Verzerrungen diese lokale Impulsbilanz auf beiden Seiten mit dem Gradienten des Verschiebungsvektors u_i multipliziert. Eine anschließende Umstellung der Terme unter Berücksichtigung der Materialbeschreibung mittels innerer Variablen durch $W^*(\varepsilon_{ij}, \alpha_k)$ sowie der Zustandsgleichungen (5.8) und (5.9) ergibt eine Vorschrift zur Berechnung einer materiellen Kraft als vektorielle Größe. Eine Diskretisierung von Gleichung (5.26) erlaubt anschließend die Berechnung materieller Kräfte aus einer Finite-Elemente-Lösung, siehe Müller [92].

Die in diesem Abschnitt dargelegten Betrachtungen zeigen auf, welche Annahmen bei der Herleitung des J-Integrals getroffen wurden, damit diese Größe eine sinnvolle bruchmechanische Kenngröße darstellt. Eine wesentliche Annahme ist die invarianter Rissspitzennahfelder. Treten dissipative Prozesse in Rissspitzennähe auf, so ist eine solche Annahme im Fall elastisch-plastischen Materialverhaltens durchaus gerechtfertigt. Im Fall eines zeitabhängigen Materialverhaltens trifft dies allerdings nicht mehr zu. Materielle Kräfte als verallgemeinerte J-Integrale enthalten ebenfalls die Annahme einer invarianten Translation charakteristischer Felder, ohne dass dies offensichtlich ist. Eine Anwendung im Fall der Viskoelastizität, wie zum Beispiel durch Näser et al. [98] und Nguyen et al. [97], bedarf daher einer gewissen Vorsicht hinsichtlich ihrer Interpretation als bruchmechanische Kenngröße.

Materielle Kräfte werden in der Literatur oft dahingehend interpretiert, dass sie treibende Kräfte im Sinne einer Energiebilanz darstellen. Im Fall eines Risses wird eine solche, an der Rissspitze wirkende vektorielle Größe folglich als maximale Energiefreisetzungsrate sowie deren entsprechende Richtung interpretiert. Es wird somit angenommen, dass die Rissausbreitung in Richtung des materiellen Kraftvektors erfolgt. Eine Analyse, inwieweit eine solche Interpretation hinsichtlich der Rissablenkung sinnvoll ist, kann dem folgenden Abschnitt 5.3 entnommen werden.

5.3 Vektorielles J-Integral und Rissablenkung

Neben der Frage, ob eine gegebene Beanspruchung eines rissbehafteten Bauteiles zu einer Verlängerung des Risses führt, stellt sich in der Bruchmechanik ebenfalls die Frage nach dem voraussichtlichen Risspfad. Es gibt insbesondere im Rahmen der LEBM eine Reihe von Kriterien zur Bestimmung der Richtung der Rissausbreitung. Sie leiten sich in der Regel vom lokalen Zustand in Rissfrontnähe ab. Sind derartige Kriterien nicht anwendbar, da derartige Felder nicht hinreichend genau bekannt sind, bleibt zu klären, inwieweit ein Richtungskriterium einzig und allein auf der globalen Energiebilanz beruhen kann.

Die Anwendung eines auf der Energie basierenden bruchmechanischen Kriteriums für die Richtung der Rissausbreitung würde das vektorielle J-Integral, definiert durch

$$\mathfrak{J}_k = \int\limits_{\Gamma} \left(W^* n_k - \sigma_{ji} n_j \frac{\partial u_i}{\partial x_k} \right) dL, \tag{5.27}$$

nahelegen. Das konventionelle J-Integral, siehe Gleichung (4.20) entspricht in diesem Fall der tangentialen Komponente des J-Integral-Vektors, das heißt $\mathfrak{J}_1$. In vielen Arbeiten zur Anwendung materieller Kräfte bei bruchmechanischen Fragestellungen wird angenommen, dass der berechnete J-Integralvektor für eine Nahfeldkontur eine Aussagekraft bezüglich der maximalen Energiefreisetzungsrate und der dazugehörigen Richtung hat.

Im Folgenden soll jedoch anhand von Argumenten des vorangegangenen Abschnittes dargelegt werden, dass diese Annahme aus physikalischer Sicht nicht sinnvoll ist. Zwar ist die Interpretation der tangentialen Komponente $\mathfrak{J}_1$ als J-Integral in vielen Fällen physikalisch sinnvoll, sofern durch die gewählte Kontur Γ charakteristische Felder in Rissfrontnähe eingeschlossen werden, die sich bei einer infinitesimalen Rissausbreitung invariant mit dem Riss durch das Material bewegen. Nichttangentiale Komponenten dieses Vektors sind jedoch grundlegend anders zu interpretieren. Es soll daher gezeigt werden, welche Interpretation für nichttangentiale Komponenten des J-Integral-Vektors sinnvoll ist.

Einfache Überlegungen zur Annahme der Invarianz von Feldern bei Rissfortschritt führen schon dahin, dass eine solche invariante Translation von Nahfeldern bei Rissablenkung nicht möglich ist, siehe Abbildung 5.3. Mit der Ablenkung eines Risses verändern sich auch Rissspitzennahfelder, einzig und allein schon, um eine Anpassung an Randbedingungen, das heißt eines lastfreien Randes, für die neugebildten Bruchflächen des abgeknickten Risses zu erreichen. Mit dieser Umlagerung der lokalen Felder in Rissfrontnähe eines abgeknickten Risses ist in der Regel auch ein dadurch einhergehender zusätzlicher Beitrag in der Energiebilanz zu berücksichtigen. Somit wird klar, dass nichttangentiale Komponenten des J-Integral-Vektors nicht in derselben Art und Weise im Rahmen der Energiebilanz interpretiert werden können wie seine tangentiale Komponente.

Um eine sinnvolle physikalische Interpretation nichttangentialer Komponenten des J-Integral-Vektors zu erhalten, ist es schon ausreichend, ein einfaches und in vielen Lehrbüchern der Bruchmechanik aufgeführtes Beispiel der LEBM zu studieren, siehe zum Beispiel Gross und Seelig [42]. Analysiert wird der Fall eines Risses in einer Scheibe unter einer Mixed-Mode Beanspruchung, das heißt einer kombinierten Mode I- und Mode II-Beanspruchung, siehe Horst et al. [54].

Die ebenen Spannungs- und Verschiebungsfelder in der Nähe der Rissspitze des lastfreien Risses sind in diesem Fall durch die Gleichungen (4.13) und (4.14) gegeben. Unter der Annahme der LEBM, dass sowohl die Prozesszone als auch die Dissipationszone klein

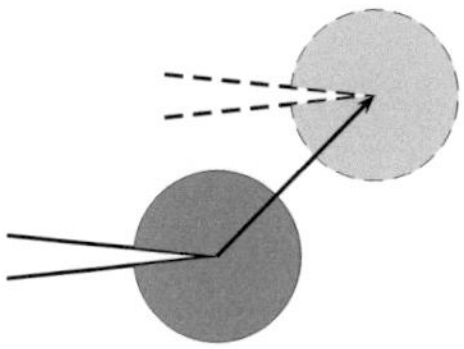

Abbildung 5.3: Invariante Felder und Rissablenkung

gegenüber der Größe der Rissspitzennahfelder sind, werden dann die Prozesse, die zur Ausbreitung eines Risses führen, durch die Spannungsintensitätsfaktoren bestimmt.

Um die Richtung der Rissausbreitung in spröden Materialien zu bestimmen, wurden bereits einige Kriterien entwickelt, die Anwendung im Rahmen der LEBM finden. Direkt aus den Rissspitzennahfeldern abgeleitete Kriterien sind das von Erdogan und Sih [28] vorgestellte Kriterium der maximalen Normalspannung und das von Sih [122] vorgestellte Kriterium der minimalen Verzerrungsenergiedichte. Kriterien, die auf einer Betrachtung der Spannungsintensitätsfaktoren eines kleinen, um einen Winkel α abgeknickten Risses (englisch: kink) beruhen, siehe Abbildung 5.4, sind das von Hussain et al. [57] eingeführte Kriterium der maximalen Energiefreisetzungsrate und das Prinzip der lokalen Symmetrie, siehe Goldstein und Salganik [39] und Cotterell und Rice [20]. Die Resultate dieser Kriterien sind bei nicht zu großen Mode II-Anteilen in der Rissbeanspruchung äquivalent. Sie basieren allein auf der Rissbeanspruchung und enthalten keine Annahmen über mikroskopische Versagensmechanismen.

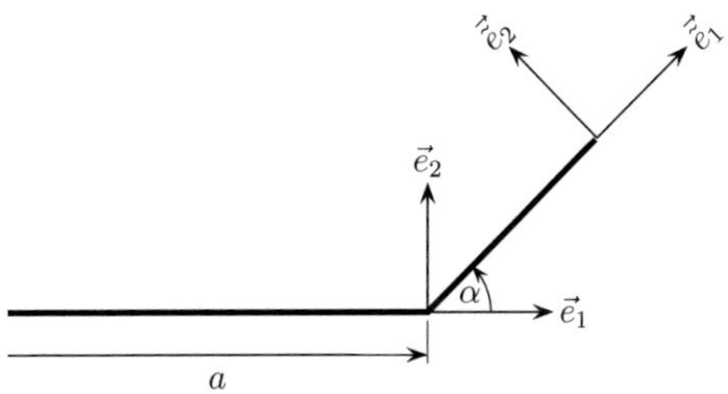

Abbildung 5.4: Definition der Koordinatensysteme bei einem abgeknickten Riss

Ein analytischer Zugang in Form einer Entwicklung der Spannungsintensitätsfaktoren eines um einen Winkel α abgeknickten kleinen Risses, siehe Abbildung 5.4, wurde von Leblond [73] und Amestoy und Leblond [2] vorgestellt. Im Grenzübergang eines abgeknickten Risses mit verschwindend kleinem Rissinkrement Δa ergeben sich die Spannungsintensitätsfaktoren $\tilde{K}_\lambda$ des abgeknickten Risses aus

$$\tilde{K}_I(\alpha) = F_{11}(\alpha)K_I + F_{12}(\alpha)K_{II} \tag{5.28}$$

und

$$\tilde{K}_{II}(\alpha) = F_{21}(\alpha)K_I + F_{22}(\alpha)K_{II} \tag{5.29}$$

mit den Funktionen

$$F_{11} = \frac{1}{4}\left(3\cos\frac{\alpha}{2} + \cos\frac{3\alpha}{2}\right), \tag{5.30}$$

$$F_{12} = -3\cos^2\frac{\alpha}{2}\sin\frac{\alpha}{2}, \tag{5.31}$$

$$F_{21} = \sin\frac{\alpha}{2}\cos^2\frac{\alpha}{2} \tag{5.32}$$

und

$$F_{22} = \frac{1}{4}\left(\cos\frac{\alpha}{2} + 3\cos\frac{3\alpha}{2}\right). \tag{5.33}$$

Dabei werden mit K_I und K_{II} sowie mit $\tilde{K}_I$ und $\tilde{K}_{II}$ die Spannungsintensitätsfaktoren vor und nach Abknicken des Risses bezeichnet. Für $\alpha = 0$ stimmen K_I und $\tilde{K}_I$ sowie K_{II} und $\tilde{K}_{II}$ überein.

Breitet sich der Riss in einer um einen Winkel α verschiedenen Richtung aus, so ist nach Hussain et al. [57] die Energiefreisetzungsrate $\mathfrak{G}$

$$\mathfrak{G}(\alpha) = \frac{1}{\bar{E}}\left[\tilde{K}_I^2(\alpha) + \tilde{K}_{II}^2(\alpha)\right], \qquad \bar{E} = \begin{cases} E & \text{ESZ,} \\ \dfrac{E}{1-\nu^2} & \text{EVZ.} \end{cases} \tag{5.34}$$

Das Kriterium der maximalen Energiefreisetzungsrate besagt, dass sich der Riss in der Richtung ausbreitet, in der die Energiefreisetzungsrate, siehe Gleichung (5.34), maximal wird. Das so erhaltene Ergebnis ist äquivalent zum Prinzip der lokalen Symmetrie, das besagt, dass sich der Riss in Richtung eines verschwindenden Spannungsintensitätsfaktors für Mode II, das heißt $\tilde{K}_{II} = 0$, und somit im reinen Rissöffnungsmode ausbreitet. Für die Ableitung der Energiefreisetzungsrate nach dem Winkel α ergibt sich

$$\frac{d\mathfrak{G}}{d\alpha} = \frac{2}{\bar{E}}K_I K_{II}. \tag{5.35}$$

Wertet man für den betrachteten Fall den J-Integral-Vektor, siehe Gleichung (5.27), aus, so ergeben sich für die tangentiale Komponente

$$\mathfrak{J}_1 = \frac{1}{\bar{E}}\left(K_I^2 + K_{II}^2\right) \tag{5.36}$$

und für die nichttangentiale Komponente

$$\mathfrak{J}_2 = -\frac{2}{\bar{E}}K_I K_{II}. \tag{5.37}$$

Vergleicht man die Gleichung (5.34) für $\alpha = 0$ mit Gleichung (5.36) sowie Gleichung (5.35) mit Gleichung (5.37), so wird klar, wie unterschiedliche Komponenten des J-Integral-Vektors interpretiert werden können. Die tangentiale Komponente entspricht im untersuchten Fall der Energiefreisetzungsrate, wenn sich der Riss ausbreitet, ohne abgelenkt zu werden, das heißt

$$\mathfrak{J}_1 = \mathfrak{G}\Big|_{\alpha=0}. \tag{5.38}$$

Nichttangentiale Komponenten sind dagegen ein Maß für die Tendenz des Risses, aufgrund einer konkreten Rissbeanspruchung abgelenkt zu werden, das heißt

$$\mathfrak{J}_2 = \left.\frac{d\mathfrak{G}}{d\alpha}\right|_{\alpha=0}, \tag{5.39}$$

siehe auch Hakim und Karma [45, 46].

Würde das jeweilige Material eine Rissausbreitung ohne Rissablenkung zulassen, so würde die entsprechende Energiefreisetzungsrate dem Wert in Gleichung (5.38) entsprechen. In isotropen Materialien würde allerdings eine von Null verschiedene J_2-Komponente den Riss zu einer Ablenkung zwingen, da es von Seiten des Materials keine bevorzugte Richtung der Rissausbreitung gibt und der Risswiderstand somit in jeder Richtung gleich ist. Es ist jedoch zu beachten, dass eine nichttangentiale Komponente nur als Sensitivität einer Rissablenkung interpretiert werden kann. Unter welchem Winkel eine solche Ablenkung erfolgt, kann daraus nicht abgeleitet werden.

Die in den Gleichungen (5.38) und (5.39) angegebenen Beziehungen liefern eine Aussage bezüglich der Rissbeanspruchung. Die Richtung, in welche sich ein Riss ausbreitet, hängt jedoch nicht nur von der Rissbeanspruchung sondern auch von strukturellen Gegebenheiten des jeweiligen Materials und den dadurch beeinflussten Prozessen in der Bruchprozesszone ab. In realen Materialien interagieren Prozesse in der Prozesszone auch in Abhängigkeit von der äußeren Belastung auf vielen Längenskalen. Dieser Einfluss ist mit Methoden der Kontinuumsmechanik nicht erfassbar und muss folglich in Form von Materialkenngrößen ausgedrückt werden. Somit stehen den beiden Beanspruchungsgrößen $\mathfrak{J}_1$ und $\mathfrak{J}_2$ entsprechende Materialkenngrößen gegenüber. Das sind einerseits der Widerstand, den das Material einer Rissausbreitung ohne Rissablenkung entgegensetzt, andererseits der Widerstand, den das Material einer Rissablenkung entgegensetzt.

Insbesondere die experimentelle Bestimmung der letzteren Größe dürfte eine große Herausforderung darstellen. In der Realität ist die Frage nach dem Risspfad immer eine Frage der Wechselwirkung zwischen den kontinuumsmechanischen Nahfeldern und den Prozessen, die unter derartigen Nahfeldbeanspruchungen in der Bruchprozesszone ablaufen. Mit den vorgestellten Überlegungen ist es möglich, auch nichttangentiale Komponenten des J-Integrals physikalisch sinnvoll im Rahmen einer Energiebilanz zu interpretieren. Einflüsse der Materialstruktur auf die Rissablenkung, die nicht im Rahmen einer Kontinuumstheorie erfasst werden können, sollten sich allerdings in den Materialkenngrößen wiederfinden.

Die obigen Betrachtungen stellen eine sinnvolle Erweiterung bestehender Konzepte zur Behandlung der Risspfadproblematik dar, insbesondere dann, wenn eine bruchmechanische Charakterisierung in der Betrachtung einer Energiebilanz besteht, wie zum Beispiel bei Elastomeren. Die Seite der Beanspruchbarkeit ist jedoch nicht trivial zu behandeln. Sie hängt von den jeweiligen Prozessen auf kleinen Längenskalen innerhalb der Bruchprozesszone ab. Im Spezialfall idealer Isotropie des Materials wird jedoch der Risspfad einzig und allein durch die Beanspruchung rissfrontnaher Gebiete bestimmt.

5.4 Dissipationsrate

Die große Schwäche bei der Anwendung des von Rice eingeführten J-Integrals bei elastisch-plastischem Materialverhalten liegt darin, dass es auf der Deformationstheorie aufbaut und eine elastisch-plastische Deformation als eine nichtlinear-elastische auffasst. Plastisches Verhalten kann demnach im Rahmen der Deformationstheorie nur dann beschrieben werden, wenn keine Entlastungen stattfinden. Streng genommen, gilt diese Betrachtungsweise nur für stationäre Risse unter einer proportionalen Belastung. Selbst wenn die Belastung proportional steigt, finden jedoch bei einer Rissausbreitung in Rissfrontnähe hinter der Rissfront erzwungenermaßen Entlastungsvorgänge statt, so dass diese Annahme in diesem Fall zu hinterfragen ist. Jedoch wurde festgestellt, dass bei einer sehr geringen Rissausbreitung dieses Prinzip noch in Fällen anwendbar ist, bei denen das Gebiet, in denen das Material entlastet wird, relativ klein und in ein wesentlich größeres Gebiet eingebettet ist, welches durch die HRR-Singularität charakterisiert werden kann, siehe Anderson [3].

Obwohl das J-Integral in diesem Fall ein Nahfeldintegral ist, weist es im Rahmen der Deformationstheorie sowohl elastische als auch plastische Anteile auf. Eine Risswiderstandskurve basierend auf dieser Interpretation des J-Integrals ist demnach zwar ein Maß für die bis zu einer Rissverlängerung Δa aufgebrachte kumulierte Arbeit, sie entspricht allerdings nicht der durch eine infinitesimale Rissausbreitung in einem Körper freigesetzten Energie. Das J-Integral im Rahmen der Deformationstheorie ist ist somit nicht die treibende Kraft für eine Rissausbreitung im Sinne einer globalen Energiebilanz, wie Turner [135] herausstellte. Er schlug daher die Dissipationsrate $\mathfrak{D}$, definiert durch

$$\mathfrak{D} = \frac{1}{b}\frac{d(W_{ext} - W)}{da} \tag{5.40}$$

für eine experimentelle bruchmechanische Charakterisierung vor, wobei mit W_{ext} und W die Arbeit der äußeren Kräfte und die elastische Verzerrungsenergie bezeichnet werden. Diese Definition ist konsistent mit der inkrementellen Theorie zur Beschreibung dissipativen Materialverhaltens. Die Dissipationsrate hat die gleiche Einheit wie das J-Integral und kennzeichnet die inkrementelle irreversible Energiedissipation bei einem Rissausbreitungsinkrement. Bei der Ausbreitung eines Risses ist in einem Körper einerseits durch die Ausbreitung des Risses selbst, andererseits durch einhergehende energiedissipative Mechanismen ein Verlust an elastisch gespeicherter Energie zu verzeichnen. Beide Anteile voneinander im Experiment zu trennen, ist im Allgemeinen nicht möglich.

Für Aussagen zum stabilen Risswachstum hat sich diese Energiedissipationsrate $\mathfrak{D}$ als zweckmäßiger im Vergleich zur Interpretation des J-Integrals als lokaler Beanspruchungsparameter der Rissspitzennahfelder, wie das bei der Risswiderstandskurve der Fall ist, erwiesen, siehe unter anderem Turner [135], Sumpter [129–131], Kolednik [67], Kolednik und Turner [68], Brocks und Anuschewski [13], Memhard et al. [88] und Anuschewski et al. [4]. Eine stabile Rissausbreitung erfolgt, wenn zur Rissausbreitung eine Erhöhung der äußeren Belastung notwendig ist. Zur instabilen Rissausbreitung kommt es dagegen, wenn keine Lasterhöhung für eine weitere Rissausbreitung erforderlich ist.

Zwar ist eine solche Größe abhängig von der Probengeometrie und der Belastungsart, da die Ausdehnung dissipativer Gebiete stark von diesen Faktoren beeinflusst wird. Jedoch sind diese Abhängigkeiten auch bei konventionellen Risswiderstandskurven vorzufinden. Mit der Dissipationsrate kann nur die gesamte Energiedissipation experimentell aus den

Kraft-Verschiebungskurven ermittelt werden. Die Berechnung der durch das jeweilige Materialmodell beschreibbaren makroskopischen Energiedissipation aus einer numerischen Lösung des Randwertproblems lässt allerdings Rückschlüsse auf die zur Translation der Bruchprozesszone benötigte Energie zu, siehe Memhard et al. [88].

Die Dissipationsrate ist im Sinne einer globalen Energiebilanz die wahre treibende Kraft der Rissausbreitung, während das J-Integral in seiner Interpretation als Nahfeldparameter ein Maß für die Akkumulation der gesamten, in das System eingebrachten Energie bei einem vorgegebenen Lastpfad ist. Für elastisch-plastisches Materialverhalten wurde von Kolednik [67] gezeigt, dass

$$\mathfrak{D} \propto \frac{d\mathfrak{J}}{da} \tag{5.41}$$

ist, das heißt es gibt eine Korrelation zwischen der Disspationsrate $\mathfrak{D}$ und dem Anstieg der Risswiderstandskurve, üblicherweise auch als Tearingmodul $T_{\mathfrak{J}}$ bezeichnet.

Um Experimente und Theorie hinsichtlich bruchmechanischer Eigenschaften miteinander vergleichen zu können, muss die jeweilige physikalische Bedeutung der auszuwertenden Größe in beiden Fällen äquivalent sein. Dies ist mit Energieflussintegralen, ableitbar aus der numerischen Lösung des jeweiligen Randwertproblems, und der experimentell bestimmbaren Dissipationsrate gegeben. Beide Ansätze haben mit der globalen Energiebilanz die gleiche Basis und stellen eine konsistente Erweiterung des Kriteriums von Griffith [41] für dissipative Materialien dar. Dies ist gerade bei Elastomeren wichtig, da deren bruchmechanische Charakteriserung einzig und allein auf einer globalen Energiebilanz basiert. Bei der Ermittlung der Änderung elastisch gespeicherter Energie während einer stabilen Rissausbreitung ist allerdings anschließend eine vollständige Entlastung des Prüfkörpers notwendig. Die zwischen Be- und Entlastungskurve im Kraft-Klemmenabstandsverschiebungs-Diagramm eingeschlossene Fläche entspricht dann dem Energieverlust bei einer Rissverlängerung Δa.

Ein Problem, welches sich bei Elastomeren ergibt, ist die zuverlässige Bestimmung der stabilen Rissverlängerung, da diese insbesondere bei hochgefüllten Elastomeren sehr gering ist. Für deren Bestimmung ist es vorteilhaft, die Proben nach einer stabilen Rissverlängerung Δa und der anschließenden Entlastung durch einen Schnitt vollständig zu trennen. Durch mikroskopische Untersuchungen der Bruchfläche kann die stabile Rissverlängerung anhand unterschiedlicher charakteristischer Bruchflächenmorphologien ausgemessen werden. Eine solche Vorgehensweise ist offensichtlich nur mit einem hohen experimentellen Aufwand und einem hohen Bedarf an Prüfkörpern zu bewerkstelligen. Dieser Aufwand ist sicherlich für vergleichende Untersuchungen unterschiedlich modifizierter Elastomerwerkstoffe nicht gerechtfertigt. Allerdings erscheint diese Herangehensweise aufgrund der gemeinsamen Basis von numerischer und experimenteller bruchmechanischer Charakterisierung für Elastomere vielversprechend.

Kapitel 6

Rissausbreitungsverhalten in Elastomeren

Im folgenden Kapitel sollen die Grundlagen der experimentellen Bestimmung bruchmechanischer Kenngrößen von Elastomeren vorgestellt werden. Neben der Darstellung experimenteller Ergebnisse zum Einfluss struktureller Veränderungen auf diese Größen erfolgt eine Diskussion, inwieweit diese Einflüsse bisher verstanden worden sind und sich in Modellen wiederspiegeln. Das Ziel experimenteller Untersuchungen ist in der Regel eine quantitative Charakterisierung von Materialien hinsichtlich ihrer bruchmechanischen Eigenschaften unter bestimmten definierten Bedingungen, die einen Vergleich unterschiedlicher Elastomerwerkstoffe beziehungsweise die Aufstellung von Struktur-Eigenschafts-Korrelationen erlauben. Es steht dabei meist nicht die Frage im Vordergrund, ob die bestimmten Kenngrößen sinnvolle Parameter im Sinne einer bruchmechanischen Definition darstellen. Vielmehr werden derartige Experimente durchgeführt, um zu einer Aussage hinsichtlich des Rissausbreitungsverhaltens in einem Elastomerwerkstoff im Vergleich zu einem Referenzelastomer zu gelangen.

6.1 Bruchmechanische Kenngrößen von Elastomeren

Elastomere zeigen ein viskoelastisches, das heißt ein geschwindigkeitsabhängiges Materialverhalten. Daher ist zu erwarten, dass ihre bruchmechanischen Eigenschaften ebenfalls geschwindigkeitsabhängig sind. Das mechanische Verhalten von Elastomeren unterscheidet sich grundsätzlich in Abhängigkeit von der Beanspruchungsrate. Dabei ist entscheidend, wie groß die charakteristische Zeitskale der Beanspruchung im Vergleich zu den charakteristischen Zeiten der Hauptkettenrelaxation des Materials ist. Faktoren, welche die Beanspruchungsrate beeinflussen, sind die Rate der äußeren Belastung sowie die Rissgeschwindigkeit, siehe Kapitel 7. Die Temperatur beeinflusst dagegen die Relaxationszeiten des Materials. Daher sind in Elastomeren alle genannten Einflüsse präsent und beeinflussen in entscheidendem Maße ihre bruchmechanischen Eigenschaften.

Da aufgrund der großen Deformierbarkeit dieser Werkstoffe eine lokale Charakterisierung der Felder in Rissfrontnähe nicht möglich ist, ist bei diesen Werkstoffen eine Beschreibung im Sinne einer globalen Energiebilanz bei Rissfortschritt angebracht. Rivlin und Thomas [115] erweiterten die von Griffith [41] eingeführte bruchmechanische Charakterisierung anhand einer Energiebilanz für Elastomere. Sie führten zu diesem Zweck die

Reißenergie (englisch: tearing energy)

$$\mathfrak{T} = -\frac{dW}{dA}\bigg|_{l=konst.} \tag{6.1}$$

ein. Sie gibt die zur infinitesimalen Rissverlängerung in Elastomeren benötigte Energie an und stellt somit ein Maß für die Summe aus den Beiträgen der Oberflächenenergie und der Energiedissipation aller mit der Rissausbreitung einhergehenden dissipativen Prozesse dar. Dabei ist $dA = b\,da$ die halbe Größe der neu gebildeten infinitesimalen Bruchfläche, wobei a die Risslänge und b die Prüfkörperdicke ist. Die Gleichung (6.1) gilt jedoch nur bei festgehaltenem Klemmenabstand l. In diesem Fall kann die Reißenergie direkt aus dem Verlust an elastisch gespeicherter Verzerrungsenergie ermittelt werden. Andernfalls ist die Arbeit der äußeren Kräfte während der Rissausbreitung in der Energiebilanz zu berücksichtigen.

Rivlin und Thomas [115] ermittelten Werte für die kritische Reißenergie $\mathfrak{T}_c$ aus den Last-Verschiebungs-Kurven unterschiedlich lang gekerbter Prüfkörper bei einer quasistatischen Belastung. Sie zeigten, dass diese Größe in erster Näherung unabhängig von der Prüfkörperform und der Art und Weise, wie der jeweilige Prüfkörper belastet wird, ist. Daher wurde postuliert, dass die kritische Reißenergie $\mathfrak{T}_c$ eine zur Charakterisierung der Rissausbreitung in dünnen Elastomerprüfkörpern geeignete Größe darstellt. Es wurde allerdings festgestellt, dass diese Größe auch von der Art des eingebrachten Kerbs abhängt. Da vor Erreichen der kritischen Reißenergie auch schon ein, je nach Elastomerwerkstoff mehr oder weniger begrenztes stabiles, das heißt unterkritisches Risswachstum zu beobachten ist, wurden in analoger Weise auch Rissinitiierungswerte $\mathfrak{T}_i$ bestimmt.

Die Annahme, dass die Fläche unter der Last-Verschiebungs-Kurve der elastisch gespeicherten Energie im Prüfkörper entspricht, ist sicherlich nur für ungefüllte Elastomere bei einer quasistatischen Belastung angebracht, andernfalls sind dissipative Effekte im gesamten gekerbten Prüfkörper zu erwarten und die Integration der Kurve entspricht der Summe aus elastisch gespeicherter und der während des Belastungsvorganges dissipierten Energie. Um diese Anteile voneinander zu trennen und somit die elastisch gespeicherte Verzerrungsenergie zu ermitteln, sollten ebenfalls die Entlastungsvorgänge betrachtet werden, siehe hierzu Abschnitt 5.4.

Eine große praktische Bedeutung erlangten die von Rivlin und Thomas [115] hergeleiteten Formeln zur näherungsweisen Bestimmung der Reißenergie für bestimmte gebräuchliche Prüfkörperformen, siehe Abbildung 6.1. Die Grundidee der Herleitung dieser Näherungsformeln basiert in allen Fällen auf der globalen Energiebilanz bei einem infinitesimalen Rissfortschritt. Dabei wird das Volumen des jeweiligen Prüfkörpers in verschiedene Bereiche mit charakteristischen Beanspruchungszuständen unterteilt. Erfolgt eine Rissausbreitung, so geht man davon aus, dass sich die Größe eines durch die Rissfront beeinflussten Gebietes nicht ändert, sondern dass sich dieses Gebiet mit der Rissfront invariant verschiebt. In der Folge vergrößert sich ein näherungsweise unbeanspruchtes Gebiet hinter der Rissfront, während sich vor der Rissfront ein, von der Rissfront und vom Rand unbeeinflusstes, homogen beanspruchtes Gebiet verkleinert.

Eine derartige Betrachtung führt bei einem Zugprüfkörper mit Randriss (englisch: single edge notched tensile, SENT) zu

$$\mathfrak{T} = 2kaW^* \tag{6.2}$$

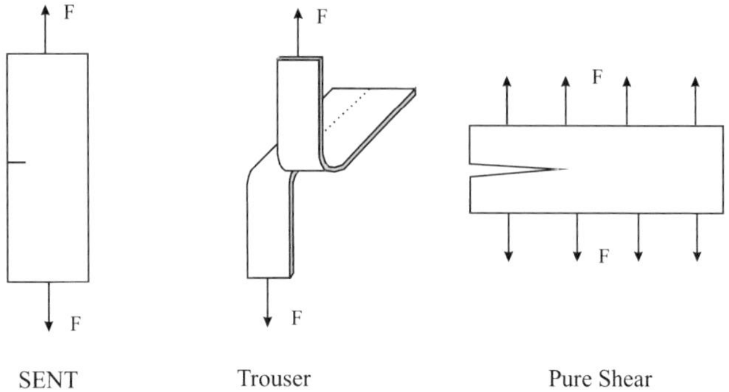

Abbildung 6.1: Prüfkörper zur bruchmechanischen Charakterisierung von Elastomeren

mit dem Faktor

$$k = \frac{\pi}{\sqrt{\lambda}}. \tag{6.3}$$

Dabei ist λ der Streckfaktor, a ist die Risslänge, W^* ist die elastische Verzerrungsenergiedichte unter einer einachsigen Zugbeanspruchung bei einer Verstreckung λ.

Im Fall des mit einem relativ langem Randriss versehenen Pure Shear-Prüfkörpers, eigentlich ein Zugprüfkörper mit einer Deformationsbehinderung in Breitenrichtung, ergibt sich dann

$$\mathfrak{T} = l_0 W^* \tag{6.4}$$

mit der Höhe l_0 des undeformierten Prüfkörpers und der elastischen Verzerrungsenergiedichte W^* des sogenannten Pure-Shear-Zustandes, das heißt bei einer Zugbeanspruchung mit einer Deformationsbehinderung in Breitenrichtung.

Bei einem sogenannten Trouser-Prüfkörper ergibt sich analog

$$\mathfrak{T} = \frac{2F}{b} \tag{6.5}$$

unter der Annahme, dass die Deformation der „Beine“ des Prüfkörpers im rissfernen Bereich vernachlässigt werden kann. Dabei ist F die angelegte Kraft und b die Dicke des Prüfkörpers.

Es sollte beachtet werden, dass die Beziehungen (6.2), (6.4) und (6.5) nur zum Zeitpunkt der Rissausbreitung und unter den getroffenen Annahmen Gültigkeit besitzen. Die Verzerrungsenergiedichten W^* in den Gleichungen (6.2)und (6.4) sind somit diejenigen im rissfernen Bereich vor der Rissfront zum Zeitpunkt der Rissausbreitung.

Eine weitere Möglichkeit der Beurteilung des bruchmechanischen Verhaltens von Elastomeren bei quasistatischer und schlagartiger Belastung besteht in der Bestimmung von Parametern, die ein Maß für die eingebrachte Energie, die für eine bestimmte stabile Rissverlängerung oder bis zum Bruch des Prüfkörpers notwendig ist, darstellen, siehe

Reincke [111]. Diese experimentelle Charakterisierung ist angelehnt an Methoden der Bestimmung des J-Integrals im Rahmen der Fließbruchmechanik. Der Widerstand gegenüber Rissinitiierung und stabiler Rissausbreitung unter quasistatischer Belastung wird dabei anhand von Risswiderstandskurven beurteilt. Unter schlagartiger Belastung wird ein entsprechender Wert ermittelt, dem eine Aussagekraft über die instabile Rissausbreitung zugeschrieben wird.

6.2 Klassifizierung der Rissausbreitung in Elastomeren

6.2.1 Zeitabhängige Rissausbreitung

Die Rissausbreitung in Elastomeren kann entsprechend der Art und Weise, wie diese erfolgt, klassifiziert werden. Ein Riss kann sich in Elastomeren gleichmäßig, entweder stabil, das heißt unterkritisch mit einer relativ geringen Geschwindigkeit, oder instabil mit einer hohen Geschwindigkeit ausbreiten. Die Bruchflächen, die durch eine stabile Rissausbreitung erzeugt wurden, sind dabei generell rauer als die, welche Folge einer instabilen Rissausbreitung sind. Des Weiteren ist in manchen Experimenten bei bestimmten Elastomerwerkstoffen eine Stick-Slip-Rissausbreitung zu beobachten, bei der sich Phasen einer stabilen mit Phasen einer instabilen Rissausbreitung abwechseln. Die Phasen der stabilen Rissausbreitung sind dabei auf den Bruchflächen als irregulärere, das heißt rauere Bereiche zu erkennen. Einen Sonderfall der Stick-Slip-Rissausbreitung in gefüllten Vulkanisaten stellt die sogenannte knotenartige Rissausbreitung (englisch: knotty tearing) dar. Dabei wird der Riss im stabilen Regime lokal stark abgelenkt, was zu einer knotenartigen Bruchflächenmorpholgie führt. Die Ursache dieser speziellen Art der Rissablenkung ist jedoch noch nicht aufgeklärt, sie wird aber dem Einfluss sehr feinteiliger Füllstoffe zugeschrieben, siehe Bhowmick [7].

Um sowohl die gleichmäßige Rissausbreitung im stabilen und instabilen Regime, als auch die Stick-Slip-Rissausbreitung erklären zu können, ist eine Instabilität im Verlauf

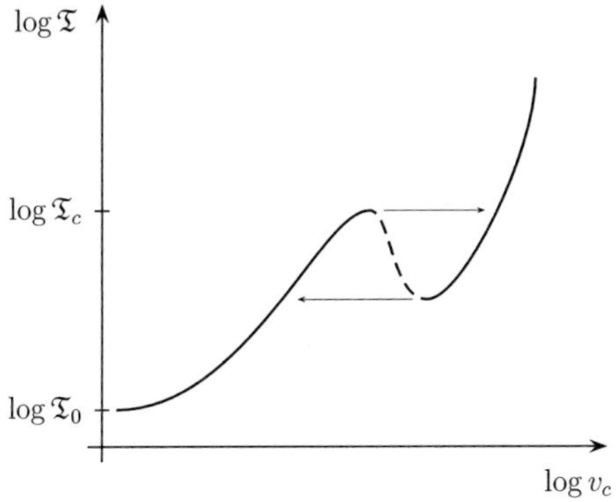

Abbildung 6.2: Schematische Darstellung der Reißenergie als Funktion der Rissgeschwindigkeit

der Reißenergie $\mathfrak{T}$ als Funktion der Rissgeschwindigkeit v_c notwendig, schematisch dargestellt in Abbildung 6.2, siehe dazu auch Maugis und Barquins [86]. Gleichmäßige Rissausbreitung wird dabei mit einem positiven Anstieg identifiziert. Der Übergang von einem stabilen zu einem instabilen Rissausbreitungsverhalten geht mit einem Sprung in der Rissgeschwindigkeit in der Regel um mehrere Größenordnungen einher. Die Instabilität sorgt einerseits für den diskontinuierlichen Übergang zwischen einem stabilen und instabilem Rissausbreitungsverhalten, andererseits ist dadurch auch eine Stick-Slip-Ausbreitung prinzipiell erklärbar, wenn die Rissbelastung nach dem sprunghaften Anstieg der Rissgeschwindigkeit wieder sinkt und somit wiederum zu einem sprunghaften Abfall der Rissgeschwindigkeit führt. Ob eine solche Stick-Slip-Rissausbreitung auftritt, hängt allerdings in entscheidendem Maße von den Randbedingungen des jeweiligen Experimentes ab.

Der in Abbildung 6.2 schematisch dargestellte Zusammenhang beinhaltet jedoch keine Aussage über die einzelnen physikalischen Mechanismen, die zu diesem Zusammenhang führen. Die Reißenergie als die Energie, die notwendig ist, um eine infinitesimale Verlängerung eines Risses in einem elastomeren Werkstoff zu erreichen, beinhaltet energiedissipative Anteile außerhalb und innerhalb der Bruchprozesszone. Praktische Relevanz hat dabei in erster Linie eine unterkritische, das heißt stabile Rissausbreitung sowie der Übergang zur instabilen Rissausbreitung. Daher sind einerseits die Ursachen für den Anstieg der Reißenergie mit steigender Rissgeschwindigkeit im stabilen Bereich, andererseits die Ursachen für den Instabilitätspunkt von Interesse.

Experimente haben gezeigt, dass der Anstieg der Reißenergie $\mathfrak{T}$ mit zunehmender Rissgeschwindigkeit v_c auf eine erhöhte viskoelastische Energiedissipation zurückzuführen ist. Die primären Abhängigkeiten sind somit in der Temperatur als auch in den lokalen Beanspruchungsraten zu sehen. Die Abhängigkeit von der Rissgeschwindigkeit ist eine indirekte Abhängigkeit, die die lokale Beanspruchungsrate im rissfrontnahen Bereich beeinflusst. Die Abhängigkeit von der Temperatur als auch von der Rissgeschwindigkeit kann durch eine Beziehung

$$\mathfrak{T}(v_c, T) = \mathfrak{T}_0 \left[1 + \bar{f}(v_c, T)\right] \tag{6.6}$$

angegeben werden, wobei für den Fall minimierter viskoelastischer Energiedissipation, das heißt für $v_c \to 0$, die Funktion $\bar{f}(v_c, T) \to 0$ geht, siehe Persson et al. [104]. Der Wert $\mathfrak{T}_0$ ist ein Schwellwert, unterhalb dessen keine Rissausbreitung erfolgt. Er liegt in der Größenordnung von $50 J/m^2$. Bei hohen Rissgeschwindigkeiten liegt $\mathfrak{T}$ in etwa drei Größenordnungen höher. Wird eine lokale Temperaturveränderung im Werkstoff vernachlässigt, so ergibt sich

$$\bar{f}(v_c, T) = \bar{f}(a_T v_c), \tag{6.7}$$

wobei a_T der Verschiebungsfaktor nach William, Landel und Ferry [142] ist, siehe Abschnitt 2.1.

Um diese Erhöhung der Reißenergie mit steigender Rissgeschwindigkeit zu verstehen, reichen einfache Betrachtungen in einem rissbehafteten, im Mode I beanspruchten dünnen Prüfkörper im Rahmen der linearen Viskoelastizität aus. Dabei wird angenommen, dass sich der Spannungsintensitätsfaktor bei einer infinitesimalen Rissausbreitung nicht ändert. Wie bereits in Abschnitt 2.1 dargelegt, verhält sich ein Elastomerwerkstoff in den Grenzfällen sehr kleiner beziehungsweise sehr großer Beanspruchungsraten elastisch mit vernachlässigbarer viskoelastischer Energiedissipation. Bei sehr kleinen Beanspruchungsraten verhält sich ein solcher Werkstoff gummiartig mit einem geringen Elastizitätsmodul

E_0. Dagegen verhält es sich bei sehr großen Beanspruchungsraten glasartig mit einem hohen Elastizitätsmodul $E_\infty \approx 10^3 E_0$. Wie in Abschnitt 5.2 gezeigt wurde, ist bei Annahme einer invarianten Translation charakteristischer Felder in Rissfrontnähe die lokale Beanspruchungsrate eines materiellen Punktes sowohl von der Ortsableitung des Feldes in Rissrichtung als auch von der Rissgeschwindigkeit abhängig. Durch die Auswertung des J-Integrals im Rahmen der linearen Elastizität kann der Energiefluss durch eine Kontur nach Gleichung (4.20) berechnet werden. Entsprechend den Überlegungen aus Abschnitt 5.2, ist für einen charakteristischen bruchmechanischen Kennwert dabei eine Integrationskontur zu wählen, welche alle Gebiete im rissfrontnahen Bereich, in denen energiedissipative Mechanismen ablaufen, einschließt.

Betrachtet man nun den Fall einer sehr langsamen Rissausbreitung, so verhält sich das Material sowohl in der Nähe der Rissfront als auch entfernt davon gummiartig. Die Auswertung des J-Integrals ergibt somit für jede Kontur außerhalb der Bruchprozesszone die Reißenergie

$$\mathfrak{T}(v_c \to 0) = \frac{K_I^2(v_c \to 0)}{E_0}. \tag{6.8}$$

Dagegen verhält sich bei einer sehr schnellen Rissausbreitung das Material in unmittelbarer Rissfrontnähe glasartig, während es sich etwas entfernt davon gummiartig verhält. Somit muss für die Berechnung der Reißenergie eine Kontur gewählt werden, die sich zwar etwas entfernt von der Rissfront aber immer noch im Einflussgebiet der singulären Spannungsfelder befindet. Eine solche Auswertung führt zu

$$\mathfrak{T}(v_c \to \infty) = \frac{K_I^2(v_c \to \infty)}{E_0}. \tag{6.9}$$

Geht man davon aus, dass für die Translation der Bruchprozesszone in beiden Fällen in erster Näherung die gleiche Energie benötigt wird, so muss Gleichung (6.8) gleich dem Wert des J-Integrals im Fall einer sehr schnellen Rissausbreitung bei Wahl einer rissspitzennahen Kontur sein. Somit ergibt sich die Beziehung

$$K_I^2(v_c \to \infty) = \frac{E_\infty}{E_0} K_I^2(v_c \to 0) \approx 10^3 K_I^2(v_c \to 0). \tag{6.10}$$

Berücksichtigt man diesen Zusammenhang in Gleichung (6.9), erhält man somit eine um drei Größenordungen höhere Reißenergie bei sehr großen Rissgeschwindigkeiten im Vergleich zu einer sehr kleinen Rissgeschwindigkeit. Da die Beanspruchungsrate mit dem Abstand von der Rissspitze abnimmt, existiert für große Rissgeschwindigkeiten ein rissspitzennaher Bereich, indem eine viskoelastische Energiedissipation als Folge des Glasübergangs auftritt, die den Anstieg der Reißenergie mit steigender Rissgeschwindigkeit verursacht.

Zur Beschreibung des Übergangsbereiches zwischen beiden betrachteten Grenzfällen bestimmten Persson und Brener [106] die viskoelastische Energiedissipation näherungsweise durch

$$(1 + \bar{f}(v_c))^{-1} = \frac{E_0}{E_\infty} \int_0^\infty \hat{H}(\tau) \left[(1 + l^{-2}(\tau))^{1/2} - l^{-1}(\tau) \right] d\tau \tag{6.11}$$

mit dem normierten Relaxationszeitspektrum des Elastizitätsmoduls

$$\hat{H}(\tau) = \frac{H(\tau)}{\int_0^\infty H(\tau')\,d\tau'} \tag{6.12}$$

und

$$l = \frac{2\pi v_c \tau}{a_{PZ}}, \tag{6.13}$$

wobei a_{PZ} die Größe der Prozesszone darstellt. Es zeigt sich, dass eine gezielte Veränderung des Relaxationszeitspektrums hinsichtlich einer Verbreiterung oder Verschiebung des Glasübergangsbereiches somit große Auswirkungen auf die Reißenergie und somit auf die bruchmechanischen Eigenschaften eines Elastomerwerkstoffes hat. Eine Modifizierung des Materials geht in den meisten Fällen mit einer Veränderung des Relaxationszeitspektrums einher. Es ist jedoch anzumerken, dass das bruchmechanische Verhalten von Elastomeren nicht nur auf die Viskoelastizität und das molekularen Bewegungsverhalten der Polymerhauptketten als deren Ursache reduziert werden sollte. Die alleinige Betrachtung des Verlustmoduls beziehungsweise des Verlusttangens als korrelierende Größe führt zwar zu Prädiktoren, die in vielen Fällen aussagekräftig bezüglich einer Rangordnung verschiedener Elastomerwerkstoffe sind, jedoch nicht zu einem besseren Verständnis des Rissausbreitungsverhaltens.

Nimmt man für das Relaxationszeitspektrum $H(\tau)$ des Elastiziätsmoduls E die Abhängigkeit

$$H(\tau) = A_H \tau^{-s_H} \tag{6.14}$$

an, so erhält man für $v_c \gg v_{c0}$

$$1 + \bar{f}(v_c) = C_H(s_H)\left(\frac{v_c}{v_{c0}}\right)^{\alpha_H} \tag{6.15}$$

mit

$$\alpha_H = \frac{1 - s_H}{2 - s_H} \tag{6.16}$$

und einem von s_H abhängigem Parameter C_H, siehe Persson et al. [104]. Ein charakteristischer Abfall des Relaxationszeitspektrums im Glasübergang, charakterisiert durch einen Exponenten s_H, hängt folglich mit dem Exponenten α_H, der den Anstieg der Reißenergie $\mathfrak{T}$ mit steigender Rissgeschwindigkeit charakterisiert, zusammen. Die Beziehung zwischen der Reißenergie und der Rissgeschwindigkeit kann in diesem Bereich durch ein Potenzgesetz

$$\mathfrak{T} \propto v_c^{\alpha_H} \tag{6.17}$$

beschrieben werden. Es sei angemerkt, dass ein Exponent $s_H = 1/2$ charakteristisch für das Rouse-Modell ist. Für reale Materialien gibt es jedoch Abweichungen von diesem Wert.

Somit ist die Ursache des dramatischen Anstiegs der Reißenergie mit steigender Rissgeschwindigkeit im stabilen Regime in der viskoelastischen Dissipation im Glasübergang zu sehen. Um die Instabilität zu erklären, berücksichtigte Persson et al. [104] eine lokale Temperaturänderung infolge viskoelastischer Energiedissipation und die daraus resultierende Änderung lokaler Materialeigenschaften. Schaut man sich allerdings die Bruchflächen unterschiedlich gefüllter Elastomere in Abbildung 8.1 an, die unter einer quasistatischen Belastung erzeugt wurden, so erkennt man eine deutliche Änderung der Bruchflächenmorphologie beim Übergang von einem stabilen zu einem instabilen Rissausbreitungsverhalten. Dieser Übergang geht offensichtlich mit einer Änderung der Art und Weise, wie der Bruchprozess abläuft, einher. Eine solche Änderung des Bruchmechanismus kann ebenfalls die Ursache der Instabilität sein.

6.2.2 Rissausbreitung unter periodischer Belastung

Unter dynamischer Belastung fallen Bauteile meist schneller aus als unter statischer Belastung. Betrachtet man eine harmonische äußere Belastung $F(t)$, charakterisiert durch das Lastverhältnis

$$R_L = \frac{F_{min}}{F_{max}} \tag{6.18}$$

und die Frequenz f, so zeigt sich in fast allen Fällen bei Elastomeren eine ähnliche Rissausbreitungscharakteristik. Dabei wird in der Regel bei Elastomeren das Risswachstum pro Belastungszyklus da/dN über der während eines Belastungszyklus maximal erreichten Reißenergie $\mathfrak{T}_{max}$ doppelt logarithmiert dargestellt, siehe Abbildung 6.3.

In dem Kurvenverlauf in Abbildung 6.3 sind unterschiedliche Bereiche erkennbar, in denen das Rissausbreitungsverhalten separat beschrieben werden kann. Unterhalb eines Wertes $\mathfrak{T}_0$ wird das Rissausbreitungsverhalten von den Umgebungsbedingungen, in erster

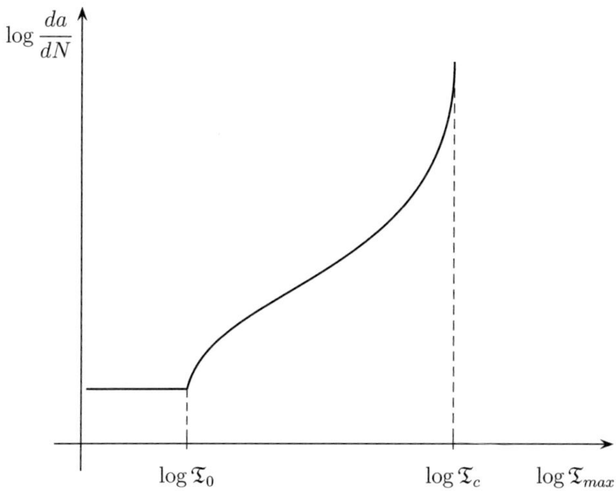

Abbildung 6.3: Rissausbreitungscharakteristik in einem Elastomerwerkstoff unter zyklischer Belastung, nach Gent [33]

Linie dem Ozongehalt, bestimmt. Die Ausbreitungscharakteristik wird in diesem Bereich durch

$$\frac{da}{dN} = konst. \tag{6.19}$$

beschrieben. Das Kurvenstück im Bereich kurz oberhalb $\mathfrak{T}_0$ wird durch

$$\frac{da}{dN} = A_H \left(\mathfrak{T} - \mathfrak{T}_0\right) \tag{6.20}$$

mit einem Parameter A_H beschrieben. Daran schließt sich ein Gebiet bei mittleren und höheren Beanspruchungen an, welches durch ein Potenzgesetz

$$\frac{da}{dN} = B_H \, \mathfrak{T}^{\beta_H} \tag{6.21}$$

mit dem Parameter B_H und dem Exponenten β_H approximiert werden kann. Bei sehr großen Beanspruchungen nahe $\mathfrak{T}_c$ ist eine instabile Rissausbreitung, das heißt

$$\frac{da}{dN} \to \infty \tag{6.22}$$

zu beobachten. Alle aufgeführten Parameter, die zur Beschreibung des Kurvenverlaufs notwendig sind, sind abhängig vom jeweiligen Material, den Umgebungsbedingungen und dem konkreten Verlauf der periodischen Belastung.

Der praktisch wichtigste Bereich ist der Bereich, in dem der Kurvenverlauf durch ein Potenzgesetz, siehe Gleichung (6.21), approximiert werden kann. Unterschiedliche Materialien können bei einer gegebenen zyklischen Belastung unterschiedliche Steigungen β_H je nach ihrem Vermögen, unter den jeweiligen äußeren Belastungen Energie zu dissipieren, aufweisen, siehe Abbildung 6.4.

Im Allgemeinen setzt sich die Rissausbreitung in einem Zyklus aus der kumulierten zeitabhängigen Rissausbreitung und einer zyklischen Komponente zusammen. Je nach Material und Höhe der Belastung ist es auch möglich, dass eine von beiden einen größeren Einfluss als die jeweils andere hat, siehe Gent [33]. Frequenzeinflüsse auf das Risswachstum pro Zyklus weisen auf die zyklische Komponente hin. Für nicht kristallisierbare ungefüllte SBR-Vulkanisate wurde dieser Einfluss von Busfield et al. [17] systematisch untersucht. Dabei ergab sich, dass bei geringer Frequenz und steigender maximal erreichbarer Reißenergie die zyklische Komponente der Rissausbreitung vernachlässigbar ist und das Risswachstum pro Zyklus durch die zeitabhängige stabile Rissausbreitung dominiert wird. Dagegen dominierte die zyklische Komponente über die zeitabhängige Komponente der Rissausbreitung bei hohen Frequenzen und geringen erreichbaren Reißenergien während des Belastungszyklus.

Einen hervorragenden Überblick über unterschiedlichste Einflüsse auf die Rissausbreitungscharakteristik dynamisch belasteter gekerbter Elastomerprüfkörper geben Mars und Fatemi [79]. Sowohl Einflüsse der Umgebungsbedingungen und des Materials als auch Einflüsse der jeweiligen Details des Belastungszyklus, wie zum Beispiel die Belastungsform oder das Lastverhältnis, sind darin aufgeführt.

Unter sinusoidaler Belastung betrachtete Persson et al. [104] eine Rissausbreitung unter der Annahme, dass die zeitabhängige stabile Rissausbreitung über den gesamten Belastungszyklus dominierend ist und die zyklische Komponente vernachlässigt werden kann.

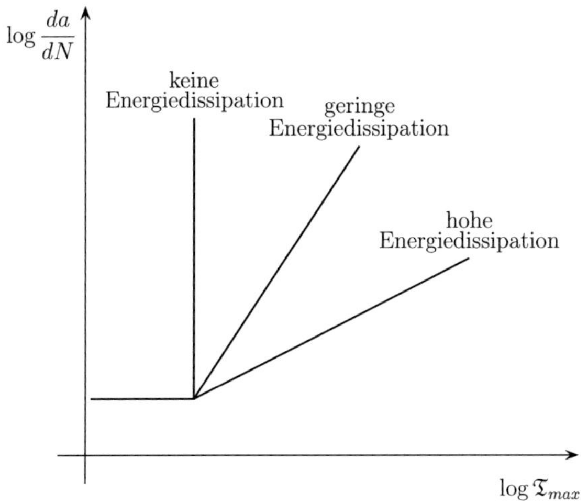

Abbildung 6.4: Schematische Dartellung des Einflusses der Energiedissipation auf den Exponenten β_H unter zyklischer Belastung, nach Lake and Thomas [72]

Den Ausgangspunkt stellt die Beziehung

$$\mathfrak{T}(v_c) = \mathfrak{T}_0 \left(\frac{v_c}{v_{c0}}\right)^{\alpha_H} \tag{6.23}$$

für nicht zu kleine Rissgeschwindigkeiten v_c beziehungsweise deren inverse Beziehung

$$\frac{da}{dt} = v_{c0} \left(\frac{\mathfrak{T}}{\mathfrak{T}_0}\right)^{1/\alpha_H} \tag{6.24}$$

dar, vergleiche hierzu auch Gleichung (6.6) in Verbindung mit Gleichung (6.15). Durch zeitliche Integration über einen Belastungszyklus erhält man so eine Form analog zu Gleichung (6.21) mit

$$\beta_H = \frac{1}{\alpha_H} = \frac{2 - s_H}{1 - s_H}. \tag{6.25}$$

Auch wenn sich das Modell auf die lineare Viskoelastizität beschränkt, so kann damit zumindest qualitativ die Auswirkung eines veränderten Relaxationszeitspektrums auf die Rissausbreitungscharakteristik erfasst werden. Klüppel [65] griff diese Idee auf und fand eine recht gute Übereinstimmung der anhand der Exponenten s_H des Relaxationszeitspektrums ermittelten Exponenten β_H, siehe Gleichung (6.25), mit den tatsächlich gemessenen Exponenten der Rissausbreitung, siehe Abbildung 6.5. Obwohl viele Einschränkungen und Annahmen im Modell von Persson et al. [104] existieren, ist es erstaunlich, dass Gleichung (6.25) zumindest im untersuchten Fall experimentell bestätigt werden konnte. Folglich bestimmte der Anteil der stabilen Rissausbreitung den Exponenten β_H maßgeblich. Es bleibt jedoch durch Frequenz- und Amplitudenvariation zu klären, inwieweit dieser Exponent

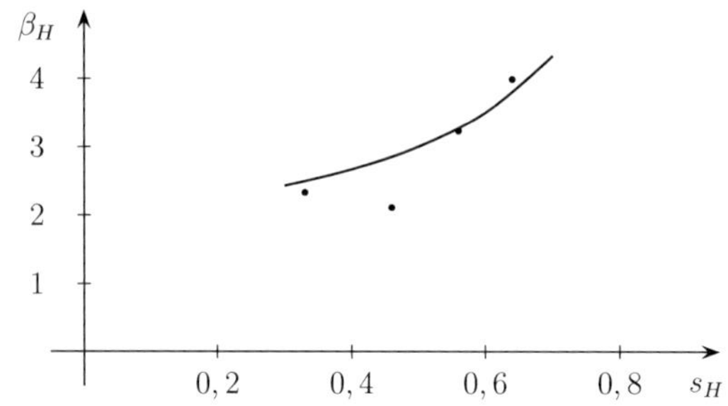

Abbildung 6.5: Zusammenhang zwischen den Exponenten β_H der Reißenergie und den Exponenten s_H des Relaxationszeitspektrums unter harmonischer äußerer Belastung, nach Klüppel [65]. Punkte kennzeichnen experimentell ermittelte Werte beider Exponenten, die Linie den Zusammenhang nach Gleichung (6.25).

vom zeitabhängigen Anteil der Rissausbreitung abhängt und welchen Einfluss zyklische Beiträge haben. Es wird auch klar, dass, wenn die Rissausbreitung pro Zyklus durch die stabile Rissausbreitung dominiert wird, die Form des Belastungszyklus eine entscheidende Rolle spielt. So hat die Dauer innerhalb eines Belastungszyklus, bei der eine hohe Beanspruchung des Risses vorherrscht, einen größeren Einfluss für die Rissausbreitungscharakteristik als der während eines Zyklus erreichte Maximalwert der Rissbeanspruchung, siehe Knauss [66].

Eine Voraussetzung der vorangegangenen Betrachtung war, dass keine wesentliche Temperaturänderung wirksam wird. Insbesondere bei hochfrequenter harmonischer oder gepulster Belastung ist von einer lokalen Temperaturänderung als Folge viskoelastischer Energiedissipation auszugehen. Einerseits können sich, wie Persson et al. [104] gezeigt haben, die viskoelastischen Eigenschaften des Materials der Prüfkörper ändern, andererseits kann auch eine Materialschädigung durch eine zu starke Temperaturerhöhung auftreten. Beide Aspekte beeinflussen ebenfalls die Charakteristik der Rissausbreitung in Elastomeren. Das Temperaturfeld in die mechanischen Betrachtungen einzubeziehen, stellt im Rahmen finiter Deformationen mit Sicherheit eine große Herausforderung dar. Dieses Vorgehen ist allerdings notwendig, um die Rissausbreitung in Elastomerprüfkörpern unter hochfrequenter oder gepulster Belastung zu verstehen. Der Einfluss zyklischer Anteile der Rissausbreitung kann damit jedoch nicht untersucht werden.

6.3 Struktureinfluss auf bruchmechanische Kenngrößen bei Elastomeren

In diesem Abschnitt soll insbesondere auf die qualitativen Veränderungen bruchmechanischer Kennwerte als Folge einer Modifizierung der Werkstoffstruktur eingegangen werden. Die Zielstellung experimenteller Untersuchungen ist es in der Regel, anhand von bestimmten Versuchen unterschiedliche Elastomerwerkstoffe hinsichtlich ihrer bruchmechanischen

Eigenschaften miteinander zu vergleichen. Diese bruchmechanischen Bewertungsmethoden dienen der Aufstellung von Struktur-Zähigkeits-Korrelationen elastomerer Werkstoffe unter den jeweiligen Beanspruchungsbedingungen. Dabei werden gekerbte Prüfkörper unter quasistatischer, schlagartiger, harmonischer oder gepulster Belastung betrachtet. Vergleiche unterschiedlicher Elastomerwerkstoffe hinsichtlich ihrer Neigung zur Rissinitiierung und -ausbreitung stehen dabei im Vordergrund. Aus diesen Experimenten abgeleitete bruchmechanische Kenngrößen können allerdings in den wenigsten Fällen zur Lebensdauervorhersage in Bauteilen herangezogen werden.

In der Regel wird die Reißenergie anhand der Gleichungen (6.2), (6.4) und (6.5) unter vorwiegend dynamischer äußerer Belastung bestimmt und in der in Abbildung 6.3 skizzierten Form dargestellt. Insbesondere der Bereich, der durch ein Potenzgesetz beschrieben werden kann, ist dabei interessant. Dieser wird sowohl durch den Parameter B_H als auch durch den Exponenten β_H charakterisiert. Vergleicht man mehrere Elastomerwerkstoffe miteinander, so weist der Werkstoff einen höheren Widerstand auf, dessen Rissverlängerung pro Zyklus am geringsten ist. Die Diskussion ist somit nicht nur auf den Exponenten β_H zu konzentrieren, sondern es ist immer auch das Niveau des Parameters B_H zu beachten. Grundsätzlich würden sich auch Rissinitiierungswerte und Werte für den Übergang zwischen einer stabilen und instabilen Rissausbreitung bestimmen lassen. Praktische Untersuchungen konzentrieren sich jedoch meist auf den durch ein Potenzgesetz approximierbaren Bereich.

Die Bestimmung von bruchmechanischen Kenngrößen unter quasistatischer Belastung durch Reincke [111] lehnte sich an die Methoden der elastisch-plastischen Bruchmechanik, siehe Abschnitt 4.5, an. Die dabei ermittelte Risswiderstandskurve stellt ein Maß für die bis zu einem stabilen Risswachstum Δa in den Prüfkörper eingebrachte äußere Arbeit dar. Ein größerer Energieeintrag ist dabei mit einer höheren Zähigkeit des Materials gleichzusetzen. Aus den Risswiderstandskurven können sowohl Rissinitiierungswerte $\mathfrak{J}_0$ als auch der Anstieg der Risswiderstandskurve, bezeichnet als Tearing modul $T_{\mathfrak{J}}$, als ein Maß für den Widerstand gegenüber stabiler Rissausbreitung abgeleitet werden.

Bei einem instrumentierten Kerbschlagzugversuch wird die bis zum Bruch des Prüfkörpers eingebrachte Arbeit bei einer definierten Charakteristik des Pendelschlagwerkes betrachtet. Die daraus abgeleitete Größe $\mathfrak{J}_d$ wird daher als Maß für den Widerstand gegenüber einer instabilen Rissausbreitung interpretiert, siehe Reincke [111].

Eine möglichst hohe Energieabsorption eines gekerbten Prüfkörpers ist in Hinblick auf sein Rissausbreitungsverhalten vorteilhaft. Dies spiegelt sich in allen experimentellen Kenngrößen wieder. Es sollte jedoch beachtet werden, dass bei Elastomerwerkstoffen dissipative Prozesse nicht nur auf die unmittelbare Umgebung der Rissfront begrenzt sind. Ein Großteil dieser Energie wird im gesamten Prüfkörper dissipiert. Demzufolge sind experimentell ermittelte bruchmechanische Kenngrößen auch abhängig von den Abmessungen und der Form des Prüfkörpers. Inwieweit diese energiedissipativen Prozesse einzig und allein auf die Existenz beziehungsweise die Ausbreitung eines Risses zurückzuführen sind, lässt sich allerdings nur schwer analysieren.

Das molekulare Bewegungsverhalten der Polymerketten als Ursache der Viskoelastizität beeinflusst ebenso die bruchmechanischen Eigenschaften von Elastomeren. Eine Beeinflussung der Mobilität der Polymerketten verändert somit auch in starkem Maße die entsprechenden bruchmechanischen Kenngrößen. Dies spiegelt sich in Abhängigkeiten einerseits vom Polymertyp, andererseits auch von Einflüssen wie der Vernetzungsdichte des Polymers wieder. Auch die Zugabe von Füllstoffen ändert das molekulare Bewegungsverhalten dahingehend, dass eine Verbreiterung des Glasübergangs daraus resultiert. Diese Verbreiterung ist eine Folge der Polymer-Füllstoff-Wechselwirkungen, da die immobilisierte Polymerschicht in der Nähe der Füllstoffoberfläche das Relaxationszeitspektrum des Werkstoffs verändert. Durch Zugabe eines anderen Füllstofftyps werden diese Wechselwirkungen zwischen dem Polymer und dem Füllstoff beeinflusst. Daneben gibt es bei erhöhten Füllstoffanteilen im Werkstoff einen weiteren Dissipationsmechanismus, der mit dem Aufbrechen von Füllstoffclustern und deren Reaggregation einhergeht und somit maßgeblich zu einer Erhöhung der dissipierten Energie führt.

Es sollte jedoch hinzugefügt werden, dass die Resultate unterschiedlicher Methoden zur Charakterisierung der Rissausbreitung nicht immer konsistent sind. Das kann zum einen daran liegen, dass unterschiedliche Methoden unterschiedliche dissipative Prozesse aufgrund einer unterschiedlichen Beanspruchung des Materials auslösen, andererseits sind auch Einflüsse der Prüfkörperform und -geometrie präsent. Widersprüche können ihre Ursache auch in den unterschiedlichen Methoden zur Bestimmung bruchmechanischer Kenngrößen aus den Messdaten haben. Dennoch lassen sich in einigen Fällen Korrelationen zwischen bruchmechanischen Kenngrößen finden, die aus unterschiedlichen Experimenten abgeleitet wurden.

Experimentelle Untersuchungen konzentrieren sich meist auf die systematische Analyse bruchmechanischer Eigenschaften bei Variation einer Einflussgröße, wie zum Beispiel dem Füllstoffgehalt, bei konstant gehaltenen anderen Struktureinflüssen. Die im Folgenden beschriebenen Erkenntnisse spiegeln ausgewählte Aspekte der im Rahmen der DFG-Forschergruppe 597 zum Thema „Bruchmechanik und Statistische Mechanik von verstärkten Elastomerblends“ gewonnenen experimentellen Erkenntnisse, siehe Heinrich et al. [47] und Reincke et al. [112], sowie die Ergebnisse systematischer Untersuchungen von Reincke [111] wieder.

Rissinitiierungswerte, ermittelt aus den Risswiderstandskurven einseitig gekerbter, quasistatisch belasteter Zugprüfkörper, zeigen in erster Linie eine Abhängigkeit von der Kerbschärfe, siehe Reincke [111]. Betrachtet man den Anstieg der Risswiderstandskurve an definierten Punkten als Maß des Widerstandes gegenüber stabiler Rissausbreitung, so ist dieser in erster Näherung unabhängig von der Vernetzungsdichte. Bei Variation des Füllstoffgehaltes zeigt sich zwar bei niedrigen Füllgraden eine Vergrößerung des Widerstandes gegenüber stabiler Rissausbreitung bei Erhöhung der Füllstoffkonzentration. Dieser Widerstand erreicht allerdings ein Maximum bei einem Füllstoffanteil von 40 phr und fällt bei höheren Füllgraden wieder ab. Sowohl bei Ruß als auch bei Silika als Füllstoff wurde dieses Maximum beobachtet. Im Vergleich zwischen den mit Ruß und mit Silika gefüllten Werkstoffen bewirkt die Verwendung von Silika als Füllstoff eine Erhöhung der Widerstandes gegenüber einer stabilen Rissausbreitung. Ein Anstieg des Widerstandes gegenüber stabiler Rissausbreitug mit steigendem Füllstoffgehalt kann qualitativ damit erklärt werden, dass es zu einer erhöhten Energiedissipation aufgrund eines höheren Gesamtanteiles von gebundenem Polymer in Nähe der Füllstoffoberfläche bei höheren Füllgraden und der damit einhergehenden Verbreiterung des Glasüberganges kommt. Für das Maximum des Widerstands bei einem Füllgrad von 40 phr und den Abfall bei höheren Füllgraden liefert eine solche Interpretation jedoch keine Erklärung.

Ähnliche Schlussfolgerungen zur stabilen Rissausbreitung konnten aus den Ergebnissen zyklisch belasteter einseitig gekerbter Zugprüfkörper gezogen werden. Es ist dabei anzumerken, dass bei einer gepulsten Belastung die Reihenfolge der Werkstoffe bezüglich ihres Widerstands gegenüber stabiler Rissausbreitung in Abhängigkeit vom Füllgrad grundsätzlich erhalten bleibt. Die bestimmten Exponenten β_H sind jedoch höher im Vergleich zu denen harmonisch belasteteter gekerbter Proben. Bei einer Erhöhung der Vernetzungsdichte in einem ungefüllten SBR-Vulkanisat ergibt sich zwar nur eine geringfügige Vergrößerung des Exponenten β_H mit steigender Vernetzungsdichte, jedoch erhöht sich das Niveau der Gerade in der doppelt logarithmierten Abtragung der Größen, charakterisiert durch den Parameter B_H, beträchtlich. Eine geringere Vernetzungsdichte führt demnach zu einem höheren Widerstand gegenüber stabiler Rissausbreitung. Eine Variation des Füllstofftyps zeigt, dass bei hochgefüllten Elastomerwerkstoffen feinteilige Füllstoffe generell günstiger sind. In diesem Fall bleibt der Exponent β_H wiederum näherungsweise konstant, nur einen Änderung im Parameter B_H ist zu verzeichnen.

Als Maß für den Widerstand gegenüber instabiler Rissausbreitung kann der in einem instrumentierten Kerbschlagzugversuch ermittelte Kennwert $\mathfrak{J}_d$ herangezogen werden. Er stellt ein Maß für die bis zum Bruch eingebrachte Kerbschlagarbeit in einen gekerbten Elastomerprüfkörper dar. Es zeigt sich auch in dieser Kenngröße ein Maximum bei einem Füllstoffgehalt von 40 phr, sowohl bei Ruß als auch bei Silika. Hervorzuheben sind neuere Untersuchungen zum Einfluss der Temperatur auf den Widerstand gegenüber instabiler Rissausbreitung. Vergleicht man zwei Elastomerwerkstoffe miteinander, so zeigen erste Ergebnisse, dass sich die Reihenfolge, welches Material einen größeren Widerstand gegenüber instabiler Rissausbreiung aufweist, bei einer Änderung der Temperatur durchaus umkehren kann. Inwieweit dieses Verhalten dem Glasübergang zugeschrieben werden kann, ist Gegenstand der aktuellen Forschung.

Kapitel 7

Linear-viskoelastische Rissspitzennahfelder

Die mechanischen Felder in der Nähe der Rissfront werden bei Elastomeren stark von ihren viskoelastischen Eigenschaften beeinflusst. Diese äußern sich in einem ratenabhängigen Deformationsverhalten. Im folgenden Kapitel soll somit der Einfluss des viskoelastischen Deformationsverhaltens auf das bruchmechanische Verhalten untersucht werden. Dazu werden im Rahmen der linearen Theorie viskoelastische Rissspitzennahfelder berechnet. Anhand der ermittelten analytischen Lösung ist es möglich, einerseits unterschiedliche Einflussfaktoren aufzuzeigen, andererseits den Einfluss der Rissgeschwindigkeit zu isolieren, um die Unterschiede zwischen der stabilen und instabilen Rissausbreitung qualitativ herauszustellen.

Viskoelastizität bedeutet generell ein Materialverhalten, welches durch intrinsische Zeitskalen des Materials bestimmt wird. Daher fällt der Beanspruchungsrate eine besondere Bedeutung für das Deformationsverhalten zu. Neben der Rate der äußeren Belastung beeinflusst ebenso die Rissgeschwindigkeit die lokale Beanspruchungsrate eines materiellen Punktes und somit auch die mechanischen Felder in der Nähe der Rissspitze. Isoliert man den Einfluss der Rissgeschwindigkeit, so können stationäre Rissspitzennahfelder berechnet werden. Zwar lässt die Beschränkung auf die lineare Viskoelastizität keine quantitativen Aussagen zu. Es ergibt sich daraus jedoch der Vorteil, eine analytische Lösung zu ermöglichen, bei der man wesentliche Abhängigkeiten erkennt, ohne auf aufwändige numerische Parameterstudien zurückgreifen zu müssen. So kommt man zu qualitativen Schlüssen, die auch im nichtlinearen Fall Gültigkeit besitzen, da Relaxationseigenschaften von Elastomeren nicht nur auf kleine Deformationen beschränkt sind.

7.1 Beschreibung des linear-viskoelastischen Deformationsverhaltens

Das dreidimensionale viskoelastische Materialverhalten wird unter der Annahme der Isotropie durch zwei Materialfunktionen beschrieben. Dies sind sowohl eine Funktion für den Schubmodul G als ein Maß für den Widerstand des Materials gegenüber einer Formänderung bei konstant gehaltenen Volumen, als auch eine Materialfunktion für den Kompressionsmodul K als ein Maß für den Widerstand des Materials gegenüber einer Volumenänderung bei unveränderter Form. Beide Funktionen weisen eine Abhängigkeit von der Zeit auf.

Im Folgenden soll nun auf die Darstellung des viskoelastischen Materialverhaltens in Form von Gedächtnisintegralen zurückgegriffen werden. Somit kann das linear-viskoelastische Verhalten durch

$$\sigma_{ij}(t) = 2\int_{-\infty}^{t} G(t-\tau)\frac{d\varepsilon_{ij}^{dev}}{d\tau}\,d\tau + \delta_{ij}\int_{-\infty}^{t} K(t-\tau)\frac{d\varepsilon^{tr}}{d\tau}\,d\tau \tag{7.1}$$

beziehungsweise

$$\varepsilon_{ij}(t) = \frac{1}{2}\int_{-\infty}^{t} J(t-\tau)\frac{d\sigma_{ij}^{dev}}{d\tau}\,d\tau + \frac{1}{9}\delta_{ij}\int_{-\infty}^{t} B(t-\tau)\frac{d\sigma^{tr}}{d\tau}\,d\tau \tag{7.2}$$

beschrieben werden. Dabei wird mit

$$(\,)^{tr} = (\,)_{kk}$$

die Spur und mit

$$(\,)_{ij}^{dev} = (\,)_{ij} - \frac{1}{3}\delta_{ij}(\,)_{kk}$$

der Deviator eines Tensors zweiter Stufe bezeichnet. Zwischen den Materialfunktionen existieren die Beziehungen

$$\int_{0}^{t} G(t-\tau)J(\tau)\,d\tau = \int_{0}^{t} J(t-\tau)G(\tau)\,d\tau = t \tag{7.3}$$

beziehungsweise

$$\int_{0}^{t} K(t-\tau)B(\tau)\,d\tau = \int_{0}^{t} B(t-\tau)K(\tau)\,d\tau = t, \tag{7.4}$$

siehe Tschoegl [133]. Eine partielle Integration von Gleichung (7.2) liefert

$$\begin{aligned}\varepsilon_{ij}(t) =& \frac{1}{2}J_0\,\sigma_{ij}^{dev}(t) + \frac{1}{9}\delta_{ij}\,B_0\,\sigma^{tr}(t)\\ &+ \frac{1}{2}\int_{-\infty}^{t}\frac{dJ(t-\tau)}{d(t-\tau)}\,\sigma_{ij}^{dev}(\tau)\,d\tau + \frac{1}{9}\delta_{ij}\int_{-\infty}^{t}\frac{dB(t-\tau)}{d(t-\tau)}\,\sigma^{tr}(\tau)\,d\tau.\end{aligned} \tag{7.5}$$

Mit den diskreten Retardationsspektren

$$J(t) = J_0 + \sum_{i=1}^{m_J} J_i\left(1 - \exp\left(-\frac{t}{\tau_i^J}\right)\right) \tag{7.6}$$

und

$$B(t) = B_0 + \sum_{i=1}^{m_B} B_i \left(1 - \exp\left(-\frac{t}{\tau_i^B}\right)\right) \tag{7.7}$$

kann Gleichung (7.5) in Form von

$$\varepsilon_{ij} = \varepsilon_{ij}^{dev,0} + \delta_{ij}\,\varepsilon^{tr,0} + \sum_{k=1}^{m_J} \varepsilon_{ij}^{dev,k} + \delta_{ij} \sum_{k=1}^{m_B} \varepsilon^{tr,k}. \tag{7.8}$$

dargestellt werden. Diese Form entspricht einer dreidimensionalen Formulierung eines generalisierten Kelvin-Voigt-Modells zur Beschreibung eines viskoelastischen Festkörpers, siehe Abbbildung 3.5. Der obere Index 0 in Gleichung (7.8) charakterisiert den Anteil des einzelnen Federelements. Der Index k charakterisiert den Anteil eines Kelvin-Voigt-Elements. Es ist dabei zu beachten, dass in Gleichung (7.8) eine unterschiedliche Anzahl von Kelvin-Elementen im Formänderungs- und Volumenänderungsverhalten möglich ist.

7.2 Korrespondenzprinzip der linearen Viskoelastizität

Die Grundlage des Korrespondenzprinzips der linearen Viskoelastizität basiert darauf, dass eine Faltung zweier Funktionen dem Produkt der Laplace-Transformierten dieser Funktionen im Laplace-Raum entspricht.

Das linear-viskoelastische Materialverhalten kann, entsprechend des Boltzmannschen Superpositionsansatzes, über ein Faltungsintegral dargestellt werden. Die Laplace-Transformation des linear-viskoelastischen Randwertproblems führt demnach auf ein Randwertproblem, dessen Gleichungen die gleiche Form wie die eines äquivalenten linear-elastischen Randwertproblems haben. Somit ist die Lösung des Laplace-transformierten viskoelastischen Randwertproblems identisch mit der Lösung des korrespondierenden elastischen Randwertproblems. Ist demnach die Lösung des linear-elastischen Vergleichsproblems bekannt, so kann die linear-viskoelastische Lösung über eine inverse Laplace-Transformation aus der Lösung des linear-elastischen Randwertproblems ermittelt werden, siehe Tschoegl [133].

Dieses Korrespondenzprinzip vereinfacht die Berechnung von Rissspitzennahfeldern in einem linear-viskoelastischen Material erheblich, da eine analytische Form der linear-elastischen Nahfelder existiert und die Felder bis auf die Größe des Spannungsintensitätsfaktors bekannt sind. Im Fall eines stationären Risses, das heißt ohne Rissausbreitung, ist dieses Prinzip ohne Einschränkungen anwendbar.

Einschränkungen ergeben sich bei einer zeitlichen Änderung von Rändern und Randbedingungen des viskoelastischen Randwertproblems. Dies ist der Fall, wenn ein sich ausbreitender Riss betrachtet wird, da durch die Rissausbreitung neue Oberflächen gebildet werden. Graham [40] erweiterte das Korrespondenzprinzip, um den Einfluss von zeitabhängigen Rändern zu berücksichtigen. Dessen Anwendung bei bruchmechanischen Fragestellungen ist jedoch mit einigen Einschränkungen verbunden. So ist die Betrachtung des Rissschließens grundsätzlich nicht möglich. Die ebenen Spannungsfelder des äquivalenten elastischen Problems sollten außerdem unabhängig von den elastischen Materialparametern sein. Weiterhin sollte die ebene elastische Verschiebung in Form eines Produkts

$$u_i = f_e(E, \nu)\, g_e(x_i, t) \tag{7.9}$$

dargestellt werden können. Dabei ist f_e eine Funktion der elastischen Materialparameter E und ν und g_e eine Funktion der Koordinaten x_i des Ortsvektors und der Zeit t.

7.3 Viskoelastische Rissspitzennahfelder

Im Folgenden wird eine reine Mode I-Beanspruchung in einem dünnen rissbehafteten Prüfkörper bei einer Rissausbreitung mit der Geschwindigkeit v_c betrachtet. Es wird angenommen, dass das Materialverhalten außerhalb der Bruchprozesszone im Rahmen der linearen Viskoelastizität beschrieben werden kann. Es gelten weiterhin die selben Annahmen wie im Fall der linear-elastischen Bruchmechanik, das heißt die Bruchprozesszone sollte klein gegenüber der Größe des Einflussbereiches von Rissspitzennahfelder sein, so dass letztere die Prozesse in der Bruchprozesszone bestimmen.

Unter Verwendung des Korrespondenzprinzips der linearen Viskoelastizität können linear-viskoelastische Rissspitzennahfelder aus der Lösung des entsprechenden elastischen Vergleichsproblems berechnet werden, siehe Horst und Heinrich [53]. Die Nahfeldlösung für die ebenen Spannungs- und Verschiebungsfelder im Rahmen der LEBM ist durch die Gleichungen (4.13) und (4.14) gegeben. Es sei angemerkt, dass die bereits genannten Bedingungen für die Anwendung des Korrespondenzprinzips im Fall eines sich ausbreitenden Risses eingehalten werden. Linear-viskoelastisches Materialverhalten wird durch die Relaxationszeitspektren für den Schermodul $G(t)$ und den Kompressionsmodul $K(t)$ beziehungsweise für deren inverse Größe $J(t)$ und $B(t)$ beschrieben. Demzufolge wird das korrespondierende elastische Randwertproblem in gleichwertigen elastischen Parametern an Stelle des Elastizitätsmoduls E und der Querkontraktionszahl ν formuliert.

Die ebenen Spannungsfelder im linear-viskoelastischen Fall in der Nähe der Rissspitze sind äquivalent zu denen im linear-elastischen Fall, siehe Gleichung (4.13). Die entsprechenden dazugehörigen ebenen viskoelastischen Verschiebungsfelder ergeben sich aus

$$u_i = \int_{-\infty}^{t} J(t-\tau)\frac{du_i^J}{d\tau}\,d\tau + \int_{-\infty}^{t} B(t-\tau)\frac{du_i^B}{d\tau}\,d\tau \tag{7.10}$$

mit den Funktionen

$$u_i^J = K_I(t)\sqrt{\frac{r(t)}{2\pi}}f_i^u(\varphi(t))\left(\frac{5}{6}-\frac{1}{2}\cos\varphi(t)\right) \tag{7.11}$$

und

$$u_i^B = \frac{4}{9}K_I(t)\sqrt{\frac{r(t)}{2\pi}}f_i^u(\varphi(t)) \tag{7.12}$$

sowie

$$\begin{aligned} f_1^u(\varphi) &= \cos\frac{\varphi}{2}, \\ f_2^u(\varphi) &= \sin\frac{\varphi}{2}. \end{aligned} \tag{7.13}$$

Es ist zu beachten, dass diese Felder im bewegten Rissspitzenkoordinatensystem beschrieben werden. Dabei ist r die Entfernung zur Rissspitze und φ der Winkel bezogen auf das Ligament. Die Koordinaten eines materiellen Punktes im bewegten Koordinatensystem ergeben sich zu

$$r(t) = \sqrt{(\bar{x}_1) - v_c t)^2 + \bar{x}_2^2} \tag{7.14}$$

und

$$\varphi(t) = \arctan \frac{\bar{x}_2}{\bar{x}_1 - v_c t} \tag{7.15}$$

mit den ebenen ortsfesten Koordinaten $\bar{x}_1$ und $\bar{x}_2$ des materiellen Punktes und der Rissgeschwindigkeit v_c. Die Koordinaten eines Materiepunktes im bewegten Koordinatensystem verändern sich bei Rissfortschritt und somit auch sein Zustand. Die zeitliche Abfolge der Zustände eines materiellen Punktes wird über Faltungsintegrale, siehe Gleichung (7.10), berücksichtigt.

Man erkennt, dass im Rahmen der linear-viskoelastischen Theorie die Charakteristik der Spannungsfelder identisch mit der im linear-elastischen Fall ist. Das Spannungsfeld wird eindeutig durch den aktuellen Wert des Spannungsintensitätsfaktors $K_I(t)$ charakterisiert. Hingegen wird das Verschiebungsfeld und demzufolge auch das Verzerrungsfeld, siehe Gleichung (4.4), auch durch vergangene Werte des Spannungsintensitätsfaktors und des Ortsvektors des materiellen Punktes im Rissssptzenkoordinatensystem charakterisiert. Es ist zu beachten, dass der Spannungsintensitätsfaktor für eine gegebene Prüfkörpergeometrie eine Funktion der äußeren Belastung und der Risslänge ist. Der Ortsvektor im Rissspitzenkoordinatensystem ist eine Funktion der Rissgeschwindigkeit. Diese Einflüsse spiegeln sich somit in den Rissspitzennahfeldern wieder. Entsprechend sind aus diesen Feldern abgeleitete Größen, wie das J-Integral bei Wahl einer Nahfeldkontur, auch von diesen Einflüssen abhängig. Von invarianten Nahfeldern auszugehen, ist somit für viskoelastische Materialien im Allgemeinen nicht sinnvoll.

Es sei noch angemerkt, dass Schapery [119] ein zeitabhängiges viskoelastisches J-Integral vorgeschlagen hat, welches auf dem Korrespondenzprinzip beruht. Es basiert auf den pseudoelastischen Größen der Lösung des elastischen Vergleichsproblems. Mit dem Ziel, unter bestimmten Bedingungen einen Parameter zu erhalten, der in Analogie zum konventionellen J-Integral im nichtlinear-elastischen Fall die lokalen Felder in der Nähe der Rissspitze charakterisieren, definierte er

$$\mathfrak{J}_v = \int\limits_\Gamma \left(W^{e*}\, dy - \sigma_{ji} n_j \frac{\partial u_i^e}{\partial x_1}\, ds \right) \tag{7.16}$$

mit der pseudoelastischen Verzerrungsenergiedichte

$$W^{e*} = \int \sigma_{ij}\, d\varepsilon_{ij}^e . \tag{7.17}$$

Die Spannungen in Gleichung (7.16) sind die aktuellen viskoelastischen Spannungen. Allerdings sind die Verzerrungen und Verschiebungen die des elastischen Vergleichsproblems. Das in Gleichung (7.16) angegeben Integral liefert keine echte energetische Interpretation, da dieses J-Integral im Laplace-Raum definiert ist. Seine Bedeutung ist dabei eher in Form eines Lastparameters in Anlehnung an die HRR-Felder zu sehen.

7.4 Einfluss der Rissgeschwindigkeit auf viskoelastische Rissspitzennahfelder

Generell sind Rissspitzennahfelder in viskoelastischen Materialien bei einer Rissausbreitung nicht invariant. Die Berechnung invarianter, das heißt stationärer Nahfelder ist nur möglich, wenn der Spannungsintensitätsfaktor K_I näherungsweise als konstant angenommen werden kann. Der Spannungsintensitätsfaktor hängt für einen Prüfkörper bei einer gegebenenen Lastkonfiguration von der Risslänge sowie der Größe der äußeren Belastung ab. Für kleine Rissinkremente kann der Einfluss der Risslänge vernachlässigt werden. Während eines Rissinkrementes soll weiterhin die äußere Belastung als näherungsweise konstant betrachtet werden, was im Fall quasistatischer äußerer Belastung gerechtfertigt ist. Unter diesen Annahmen können stationäre Rissspitzennahfelder in Abhängigkeit von nur einer Einflussgröße, der Rissgeschwindigkeit v_c, berechnet werden. Die Beanspruchungsgeschichte eines materiellen Punktes hängt dabei nur vom zeitlichen Verlauf seiner Lage zur Rissspitze ab. Dieser Einfluss wird über eine Koordinatentransformation zwischen einem ortsfesten Koordinatensystem und dem bewegten Rissspitzenkoordinatensystem erfasst.

Die Materialparameter der folgenden Studie wurden so gewählt, dass das linear-viskoelastische Materialverhalten von Elastomerwerkstoffen zumindest qualitativ dargestellt werden kann. Im Glasübergang findet ein Übergang von einem glasartigen, kompressiblen Deformationsverhalten bei kurzen Zeiten zu einem gummiartigen, inkompressiblen Materialverhalten bei langen Zeiten statt. Das heißt, für kurze Zeiten verhält sich das Material derart, dass

$$G(t \to 0) \approx K(t \to 0) \tag{7.18}$$

ist. Dagegen gilt für lange Zeiten

$$G(t \to \infty) \ll K(t \to \infty). \tag{7.19}$$

Die Beschreibung des Materialverhaltens erfolgte anhand der Retardationszeitspektren

$$J = J_0 + J_1 \left(1 - \exp\left(-t/\tau_1^J\right)\right) \tag{7.20}$$

und

$$B = B_0 + B_1 \left(1 - \exp\left(-t/\tau_1^B\right)\right). \tag{7.21}$$

Da eine Änderung des Formänderungs- als auch des Volumenänderungsverhaltens durch den Glasübergang verursacht wird, wurde angenommen, dass die Retardationszeiten τ_1^J und τ_1^B gleich sind.

Die viskoelastischen Rissspitzennahfelder ergeben sich unter den genannten Annahmen aus den Gleichungen (4.13) sowie (4.4) unter Berücksichtigung von Gleichung (7.10). Es ist anzumerken, dass formal zwar eine analytische Beschreibung der Nahfelder existiert, jedoch sind die Integrale in Gleichung (7.10) im untersuchten Fall nicht für alle Ortsvektoren analytisch auswertbar. Sie wurden daher numerisch ausgewertet. Sowohl die form- als auch volumenändernden Anteile wurden dabei getrennt betrachtet und diskutiert. In Abbildung 7.1 sind als Beispiel sowohl der deviatorische Anteil der Spannungskomponente

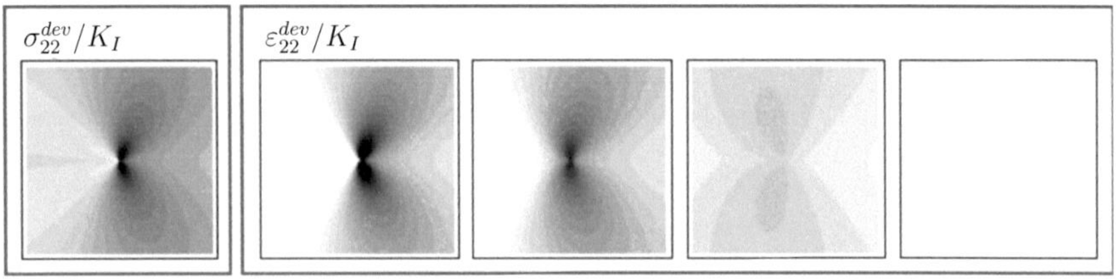

(a) Formänderungsverhalten

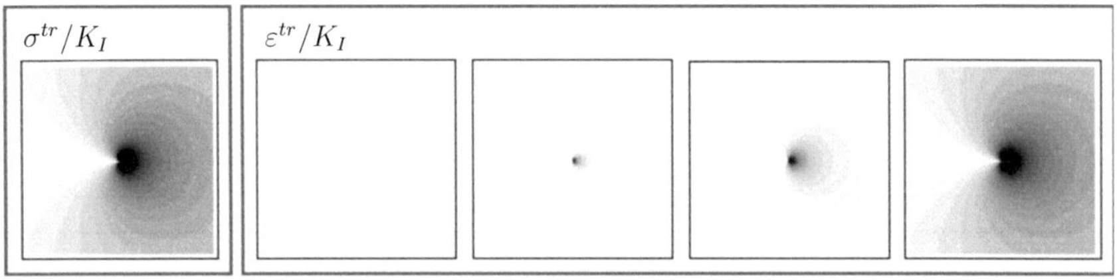

(b) Volumenänderungsverhalten

Abbildung 7.1: Normierte viskoelastische Spannungs- und Verzerrungsfelder in Rissspitzennähe bei unterschiedlichen Rissgeschwindigkeiten. Der Riss kommt von links, seine Rissspitze befindet sich in der Mitte jedes Bildes. Die Rissgeschwindigkeit steigt von links nach rechts an. Es wird eine identische Skale für den Vergleich der Felder bei unterschiedlichen Rissgeschwindigkeiten benutzt. Dunkel dargestellte Gebiete kennzeichnen Gebiete hoher Beanspruchung.

σ_{22} als auch die Spur σ^{tr} des Spannungstensors in Rissspitzennähe in normierter Form dargestellt. Die dazugehörigen Spannungsfelder sind, bis auf die Größe des Spannungsintensitätsfaktors, identisch für alle Rissgeschwindigkeiten. Jedoch gibt es große Abhängigkeiten der entsprechenden Verzerrungsfelder ε_{22}^{dev} und ε^{tr} von der Rissgeschwindigkeit. Eine höhere Rissgeschwindigkeit geht dabei mit einer höheren lokalen Beanspruchungsrate einher. Das Material verhält sich entsprechend gummiartig und inkompressibel bei kleinen Beanspruchungsraten sowie glasartig und kompressibel bei großen Beanspruchungsraten.

In Bezug auf die deviatorischen Felder, siehe Abbildung 7.1, wird klar, dass sich das Verzerrungsfeld je nach Größe der Rissgeschwindigkeit mehr oder weniger gut ausbilden kann. Zwar sind die deviatorischen Verzerrungsfelder bei sehr niedrigen und sehr hohen Rissgeschwidigkeiten qualitativ äquivalent, allerdings sind die Feldgrößen bei sehr hohen Rissgeschwindigkeiten um einige Größenordnungen kleiner und somit bei gleicher Skalierung der Ergebnisse in Abbildung 7.1 nicht darstellbar. Interessant ist der Fakt, dass mit der Änderung des Schermoduls um drei Größenordnungen im Glasübergang auch ein Anstieg der Reißenergie mit steigender Rissgeschwindigkeit um drei Größenordnungen einhergeht, siehe dazu die Diskussion in Abschnitt 6.2.1 und Persson et al. [104].

Entscheidend für den Bruchprozess ist die Betrachtung der Spur des Spannungs- und Verzerrungstensors. Es wird in Abbildung 7.1 deutlich, dass in Rissspitzennähe ein positiver hydrostatischer Spannungszustand vorherrscht. Aufgrund der Inkompressibilität des Materials bei kleinen Beanspruchungsraten ist eine Änderung des Volumens als Folge eines positiven hydrostatischen Spannungszustandes nicht möglich. Die einzige Möglichkeit, das Volumen zu ändern, besteht in der Bildung und Vergrößerung von Kavitäten, was bei Elastomeren sehr wahrscheinlich ist, siehe Gent und Wang [36]. Ein solcher Prozess ist somit bei kleinen Rissgeschwindigkeiten anzunehmen. Hingegen ist das Material bei großen Beanspruchungsraten bis zu einem gewissen Grad in der Lage, auf einen positiven hydrostatischen Spannungszustand mit einer elastischen Volumenänderung zu reagieren. Folglich neigt das Material bei großen Rissgeschwindigkeiten auf makroskopischen Längenskalen weniger zur Bildung und Vergrößerung von Kavitäten.

Betrachtet man Elastomerbruchflächen, so können obige Ergebnisse für eine qualitative Erklärung der charakteristischen Bruchflächenmorphologie hinzugezogen werden. Generell sind Bruchflächen, die Folge einer stabilen Rissausbreitung sind, wesentlich rauer als Bruchflächen, welche das Ergebnis einer instabilen Rissausbreitung sind. Diese Rauheitsunterschiede sind in vielen Fällen sogar mit bloßem Auge erkennbar, so auch auf den Bruchflächen unterschiedlich gefüllter SBR-Vulkanisate, siehe Abbildung 8.1 in Kapitel 8. Im Experiment geht der Übergang von einer stabilen zu einer instabilen Rissausbreitung mit einem Sprung in der Rissgeschwindigkeit um mehrere Größenordnungen einher. Dieser Übergang spiegelt sich auf den Bruchflächen in einer abrupten Änderung der Bruchflächenmorphologie wieder. Der Bruchprozess bei einer stabilen Rissausbreitung findet somit offensichtlich auf größeren Längenskalen im Vergleich zu einer instabilen Rissausbreitung statt. Auf welchen konkreten Längenskalen der Bruchprozess abläuft, wird in Kapitel 8 näher untersucht. Am Beispiel einer Bruchfläche wird demonstriert, wie charakteristische Längenskalen des Bruchprozesses aus der statistischen Analyse der Bruchflächentopographie bestimmt werden können.

Abschließend soll noch angemerkt werden, dass auch andere Einflüsse auf die Rissspitzennahfelder vorhanden sind. Da die Beanspruchungsgeschichte eines materiellen Punktes in der Nähe der Rissspitze einen großen Einfluss auf die Nahfelder hat, so wird auch klar, dass eine variierende Rissgeschwindigkeit zu vergangenen Zeitpunkten ebenfalls diese Felder beeinflussen kann und die dargestellten Ergebnisse verändert. Analoge Auswirkungen haben eine zeitliche Änderung des Spannungsintensitätsfaktor aufgrund einer variierenden äußeren Belastung oder einer signifikanten Änderung der Risslänge sowie das Vorhandensein eines Randeinflusses bei endlichen Prüfkörperabmessungen.

Kapitel 8

Bruchflächenanalyse

Die Untersuchung der Morphologie von Bruchflächen ist eine etablierte Methode, um Informationen über das Versagen von Bauteilen zu erhalten und Rückschlüsse auf die Beeinflussung des Bruchs durch die jeweilige Materialstruktur zu ziehen. In der Regel erfolgt diese Analyse durch Erkennung von für bestimmte Versagensprozesse charakteristischen Strukturdetails auf der Bruchfläche, die einen Anhaltspunkt über den Ablauf der Rissinitiierung und Rissausbreitung geben. Die Bruchflächenmorphologie ist jedoch kein direktes Abbild struktureller Details des jeweiligen Werkstoffes, sondern vielmehr das Ergebnis der Deformations- und Materialschädigungsprozesse, die jedoch stark durch die heterogene Struktur beeinflusst werden. Bruchflächen können auf Längenskalen, die gleich und teilweise sogar größer als die der Materialstruktur sind, als rau identifiziert werden. Insbesondere die Korrelation zwischen den beim Bruch ablaufenden Prozessen bei bestimmten äußeren Beanspruchungen und der heterogenen Materialstruktur sind dabei besonders wichtig für das Verständnis, wie sich Risse in dem jeweiligen Material ausbreiten. Derartige Erkenntnisse können für eine gezielte Modifizierung der Struktur genutzt werden, um das Bruchverhalten, in den meisten Fällen mit dem Ziel einer erhöhten Energieabsorption, zu beeinflussen.

Während diese zähigkeitssteigernden Mechanismen in der Nähe der Rissfront und deren strukturelle Beeinflussung bei Thermoplasten gut erforscht sind, siehe Michler [90], sind Aussagen über den Bruchprozess und dessen Beeinflussung durch eine Modifizierung der Struktur weitgehend unbekannt für Elastomere. Es gibt zwar durchaus eine Reihe von Vermutungen darüber, insbesondere was die Entstehung von Sekundärrissen und Ablenkungen des Risses durch Füllstoffe betrifft. Die Diskussion läuft dabei jedoch in vielen Fällen auf eine mögliche Erklärung hinsichtlich der Größe der Reißenergie und ihr Bezug zu molekularen Strukturdetails hinaus. Die dissipativen Prozesse in der Bruchprozesszone haben allerdings nur einen geringen Einfluss auf die Größe der Reißenergie. Die in diesem Kapitel dargestellten Ergebnisse zeigen, dass ein duktiler Mechanismus, das heißt die Bildung, Vergrößerung und Wechselwirkung von Kavitäten untereinander und mit der Rissfront, der relevante Mechanismus der Rissausbreitung ist. Molekulare Details haben sicher auch einen Einfluss auf diesen Prozess, aber meist eben nur einen indirekten.

Auch wenn die Energiedissipation in der Bruchprozesszone nur zu einem geringen Teil zur Größe der Reißenergie beiträgt, ist für ein vollständiges Bild der Art und Weise, wie sich Risse in Elastomeren ausbreiten, der Bruchprozess von großer Bedeutung. Hier ist insbesondere auf die Instabilität, dargestellt in Abbildung 6.2, beim Übergang von einem stabilen zu einem instabilen Rissausbreitungsverhalten hinzuweisen, für die der Bruchprozess als Erklärung hinzugezogen werden kann. Für die absolute Größe der Energiedissipation ist letztendlich die Abmessung des jeweiligen Gebietes, in dem dissipative Prozesse stattfinden, entscheidend. Folglich ist in einer kleineren Bruchprozesszone insgesamt auch ein geringerer Anteil an Energiedissipation zu erwarten. In diesem Zusammenhang stellt sich somit die Frage, auf welchen konkreten Längenskalen der Bruchprozess abläuft und welche Strukturdetails dafür relevant sind. Es ist jedoch zu beachten, dass die dabei ablaufenden Prozesse vom jeweiligen lokalen Beanspruchungszustand in der Nähe der Rissfront abhängen.

8.1 Qualitative Details von Elastomerbruchflächen

Elastomere zeigen, in Abhängigkeit von der Art der Rissausbreitung, unterschiedliche Morphologien auf den Bruchflächen. Eine gleichmäßige Rissausbreitung kann sowohl im stabilen als auch im instabilen Regime auftreten. Bei der Stick-Slip-Rissausbreitung erfolgt dieser Prozess in einer diskontinuierlichen Art und Weise, das heißt es wechseln sich stabile und instabile Rissausbreitung zeitlich ab.

Betrachtet man die Bruchflächen von quasistatisch beanspruchten, einseitig gekerbten Elastomerprüfkörpern eines SBR-Vulkanisats, gefüllt mit einem unterschiedlichen Anteil Ruß N330, siehe Reincke [111], so sind zwei wesentliche Einflüsse in Abbildung 8.1 erkennbar. Zum einen ist der Einfluss der Rissgeschwindigkeit offensichtlich. Man erkennt

0 phr

15 phr

30 phr

40 phr

50 phr

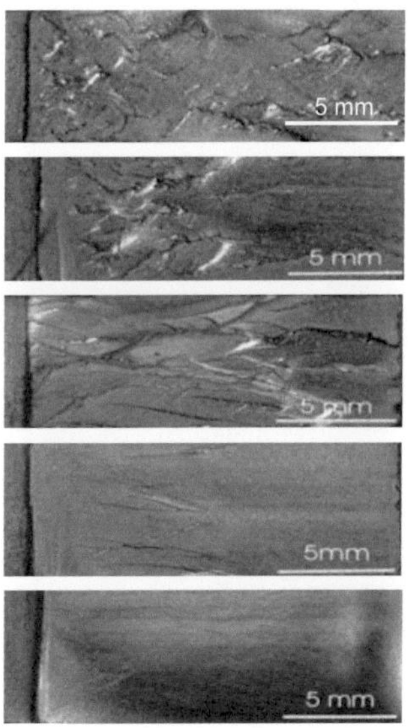

Abbildung 8.1: Bruchflächen eines mit unterschiedlichen Anteilen Ruß N330 gefüllten SBR-Vulkanisats. Die Rissausbreitung erfolgte jeweils von links nach rechts.

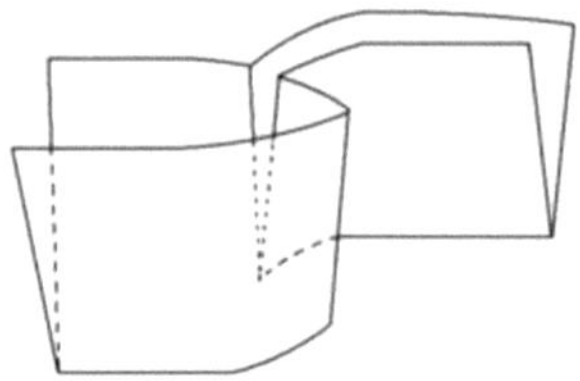

Abbildung 8.2: Entstehung einer kreuzartigen Schraffur durch eine diskontinuierliche Rissfront, nach Baumberger et al. [6]

in den meisten Fällen eine Änderung der Bruchflächenmorphologie, die jeweils durch den Übergang von einem stabilen zu einem instabilen Risswachstums mit einem sprunghaften Anstieg der Rissgeschwindigkeit über mehrere Größenordnungen einhergeht. Eine stabile Rissausbreitung erzeugt generell rauere Bruchflächen als eine instabile Rissausbreitung. Dies deckt sich mit Erkenntnissen von Tsunoda et al. [134]. Die Tatsache, dass Bruchflächen als Folge einer instabilen Rissausbreitung generell glatter sind als die durch eine stabile Rissausbreitung entstandenen Bruchflächen, bedeutet nichts anderes, als dass der Bruchprozess im ersteren Fall auf kleineren Längenskalen abläuft. Inwieweit ein veränderter Bruchmechanismus oder ein ähnlicher Mechanismus, jedoch auf unterschiedlichen Längenskalen, dafür verantwortlich ist, bleibt dabei offen. Der zweite erkennbare Einfluss ist der des Rußgehaltes. Ein höherer Rußgehalt verursacht dabei glattere Bruchflächen, was insbesondere in Bereichen stabiler Rissausbreitung deutlich zu erkennen ist.

Eine Besonderheit bei allen hochdeformierbaren Materialien sind die bei der stabilen Rissausbreitung auftretenden, kreuzartigen Schraffurmuster auf den Bruchflächen, besonders gut in Abbildung 8.1 bei einem Rußgehalt von 30 phr zu sehen. Derartige Details wurden nicht nur bei Elastomeren, siehe auch Gent und Pulford [35], sondern unter anderem auch bei Hydrogelen, siehe Tanaka et al. [132] und Baumberger et al. [6] bei vergleichsweise kleinen Rissgeschwindigkeiten unterhalb einer kritischen Rissgeschwindigkeit beobachtet. Sowohl Elastomere als auch Hydrogele sind niedrigmodulige polymere Materialien, die aufgrund der Ausrichtung von Polymerketten eine starke elastische Rissfrontaufweitung im stabilen Rissausbreitungsregime zeigen. Verursacht werden diese Muster durch ein Aufteilen der Rissfront, siehe Abbildung 8.2. Teile dieser diskontinuierlichen Rissfront bleiben zurück, während andere Abschnitte schon voranschreiten. Die zurück gebliebenen Abschnitte werden anschließend bei Rissfortschritt in Richtung der schon vorher neu gebildeten Bruchflächen benachbarter Rissfrontabschnitte abgelenkt, was auf der Bruchfläche in Form dieser Kreuzschraffuren mit kleinen Stufen sichtbar wird.

8.2 Quantitative Charakterisierung rauer Oberflächen

Die Grundlage der quantitativen Charakterisierung rauer Oberflächen besteht in einer geeigneten Messmethode, um die Topographie der Oberfläche auf den jeweiligen Längenskalen zu erfassen, wobei zu beachten ist, dass die gemessene Oberfläche je nach Messmethode auch mehr oder weniger von der eigentlichen Oberfläche abweicht. Neben taktilen Verfahren können dafür auch optische Verfahren und die Rastersondenmikroskopie genutzt werden, um die Topographie einer rauhen Oberfläche auf den jeweiligen Längenskalen zu erfassen.

Bei der quantitativen Charakterisierung rauer Oberflächen unterscheidet man nach DIN 4760 die Welligkeit von der Rauheit. Die Welligkeit erfasst die Unebenheit der Oberflächenhöhe auf großen Längenskalen, während die Rauheit die Unebenheiten der Oberfläche auf kleinen Längenskalen beschreibt. Um die Welligkeit von der Rauheit zu trennen, werden niedrigfrequente Anteile im Messsignal durch Anwendung eines Gauß-Filters ermittelt. Als Rauheit werden die Fluktuationen über diese niedrigfrequenten Anteile bezeichnet. Rauheitskennwerte unterscheiden sich somit in Abhängigkeit von der jeweiligen voreingestellten oder gewählten Grenzwellenlänge des Gauß-Filters, was insbesondere auch beim quantitativen Vergleich unterschiedlicher Oberflächen zu beachten ist.

Zur quantitativen Charakterisierung der Rauheit gibt es unterschiedliche Berechnungsverfahren, die jeweils auf verschiedene Eigenheiten der Oberfläche Rücksicht nehmen. Häufig benutzte Kenngrößen sind zum Beispiel die mittlere Rauheit R_a und die quadratische Rauheit R_q, definiert für diskrete Profile durch

$$R_a = \frac{1}{N} \sum_{i=1}^{N} (h(r_i) - \langle h \rangle) \tag{8.1}$$

und

$$R_q = \sqrt{\frac{1}{N} \sum_{i=1}^{N} (h(r_i) - \langle h \rangle)^2} \tag{8.2}$$

mit dem Mittelwert $\langle h \rangle$ der Höhe h

$$\langle h \rangle = \frac{1}{N} \sum_{i=1}^{n} h(r_i). \tag{8.3}$$

Die Charakterisierung einer rauen Oberfläche mit einer solchen Maßzahl hat aber den Nachteil, dass dadurch die gesamte Charakteristik der Oberfläche nicht wiedergegeben werden kann. Insbesondere Informationen über charakteristische Längenskalen sind daraus nicht zu abzuleiten. Weitere Probleme bei der Anwendung dieser Rauheitskennwerte ergeben sich, wenn eine für die Charakterisierung der Oberfläche erforderliche minimale Messfeldgröße nicht eingehalten werden kann. Rauheitsparameter sind insbesondere auf strukturellen Längenskalen stark abhängig von der Größe des jeweiligen Messfeldes. Dieser Aspekt ist von entscheidender Bedeutung für eine Charakterisierung der Rauheit mit Methoden der Rastersondenmikroskopie, welche die Oberfläche auf kleinen Längenskalen vermessen. Erst bei hinreichend großen Messfeldern ist der Rauheitskennwert mehr oder weniger unabhängig und somit zur Charakterisierung der Oberfläche geeignet. Im Regelfall ist jedoch eine solche Messfeldgröße mit diesen Methoden nicht zu realisieren. Bestimmt man Rauheitskennwerte auf strukturellen Längenskalen, so sind diese nicht nur stark abhängig von der Größe des Messfeldes, sondern auch von der Lage des Messfeldes. Daher ist in diesem Längenskalenbereich eine Statistik erforderlich, da die Ergebnisse je nach Wahl des Messfeldes bei festgelegter Messfeldgröße stark variieren können.

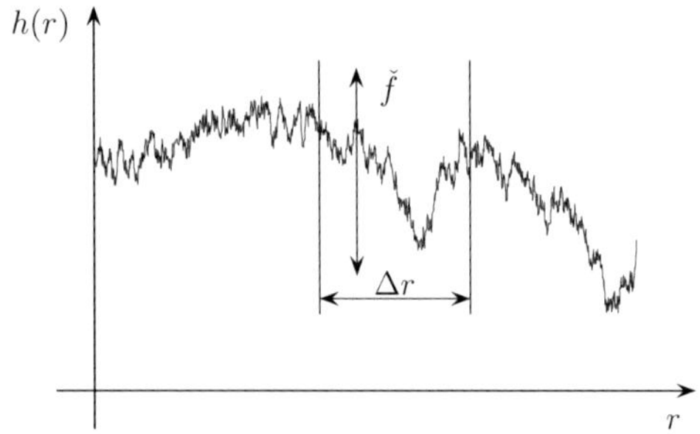

Abbildung 8.3: Methodik der statistischen Auswertung am Beispiel eines Rauheitsprofils

Das Ziel der folgenden Rauheitsanalyse einer Bruchfläche ist es demzufolge, eine funktionelle Beschreibung des Erwartungswertes eines geeigneten Rauheitsparameters in Abhängigkeit von der Längenskale, das heißt der Messfeldgröße, zu ermitteln. Charakteristische Längenskalen definieren sich aus der Änderung dieser funktionellen Abhängigkeit, das heißt aus bestimmten Abschneide- beziehungsweise Übergangslängen.

Die meisten Methoden zur Bestimmung dieser funktionellen Abhängigkeit basieren auf der in Abbildung 8.3 am Beispiel eines eindimensionalen Signals der Länge L dargestellten Vorgehensweise. Aus dem Signal der Länge L wird ein Fenster der Länge Δr mit $\Delta r < L$ herausgegriffen. Innerhalb dieses Fensters wird nun ein Rauheitsparameter als Kenngröße für die Höhenfluktuationen innerhalb dieses Fensters, hier allgemein mit $\check{f}(\Delta r)$ bezeichnet, ermittelt. Anschließend wird der Erwartungswert des Rauheitsparameters $\check{f}(\Delta r)$ berechnet, indem über verschiedene Fenster mit derselben Fenstergröße Δr innerhalb der Messlänge L gemittelt wird. Dieses Vorgehen wird für unterschiedliche Fenstergrößen Δr wiederholt und man erhält somit eine funktionelle Abhängigkeit eines statistisch abgesicherten Rauheitsparameters $\check{f}$ in Abhängigkeit von der Fenstergröße Δr, das heißt von der Längenskale. Es ist anzumerken, dass für Fenstergrößen, die nur unwesentlich kleiner als die Messlänge sind, die Möglichkeiten der Statistik aufgrund unzureichender Mittelung eingeschränkt sind. Diese Auswertung ist somit nicht für derartige Fenstergrößen sinnvoll. Die kleinste mögliche Fenstergröße ist durch die Abtastung des Signals beziehungsweise die Auflösung des Messsignals gegeben. Grundsätzlich kann diese Vorgehensweise für alle möglichen Definitionen eines Parameters, der die Höhenfluktuationen innerhalb eines Fensters charakterisiert, angewendet werden. Neben der Auswertung der Fluktuationen um einen Mittelwert, wie zum Beispiel in den Definitionen der Rauheitsparameter in den Gleichungen (8.1) und (8.2), können die Daten auch trendbereinigt, das heißt in Form der Fluktuationen um einen meist linearen Trend im jeweiligen Fenster analysiert werden. Verschiedene Analysemethoden unterscheiden sich dabei in der Definition des jeweiligen Rauheitsparameters, ob die Fluktuationen über dem Mittelwert oder über dem Trend betrachtet werden und in der Mittelung des Rauheitsparameters aufgrund angrenzender oder sich überschneidender Auswertefenster.

Weitere Möglichkeiten der längenskalenabhängigen Charakterisierung rauer Oberflächen bestehen in der Abschätzung der spektralen Leistungsdichte als Funktion der Wellenzahl, siehe Persson et al. [105], und in der Darstellung von Wavelet-Koeffizienten als Funktion der Skalierung des jeweiligen benutzten Wavelets, siehe Simonsen et al. [124].

8.3 Selbstaffine Eigenschaften von Bruchflächen

Auch wenn Bruchflächen unter Umständen charakteristische Details aufzuweisen haben, so besitzen sie auf bestimmten Längenskalen eine irreguläre Topographie und können generell als rau identifiziert werden. Diese Topographie ist charakteristisch für die komplexen, vom jeweiligen Material abhängigen Prozesse auf Mikrostrukturlängenskalen innerhalb der Bruchprozesszone. Auch wenn die Rauheit von Bruchflächen unterschiedlicher Werkstoffe unterschiedlich ist, wurde schon von Mandelbrot et al. [77] herausgestellt, dass die fraktalen Eigenschaften vergleichbar sind. Seitdem haben viele Untersuchungen gezeigt, dass Bruchflächen in einem bestimmten Längenskalenbereich als selbstaffine Objekte betrachtet werden können. Selbstaffine Objekte zeichnen sich durch eine Invarianz bei einer affinen Transformation

$$(r, h) \to (\lambda r, \lambda^{\zeta} h) \tag{8.4}$$

aus, wobei mit r und h die jeweilige Längenkoordinate und die Höhenkoordinate bezeichnet werden. Sie werden durch einen Hurst-Exponenten ζ, der im Fall rauer Oberflächen auch Rauheitsexponent genannt wird, charakterisiert. Ein Exponent von $\zeta = 0{,}5$ kennzeichnet ein Zufallssignal, in dem es keine Korrelation zwischen zwei aufeinanderfolgenden Inkrementen eines Signals gibt. Ein Hurst-Exponent im Bereich $0{,}5 < \zeta \leq 1$ kennzeichnet ein persistentes Verhalten, das heißt, einem vorangehenden Anstieg/Abfall folgt mit einer größeren Wahrscheinlichkeit ein weiterer Anstieg/Abfall des Signals. Dagegen kennzeichnen Werte zwischen $0 \leq \zeta < 0{,}5$ ein anti-persistentes Verhaltens, das heißt, einem vorangehenden Anstieg/Abfall folgt mit einer größeren Wahrscheinlichkeit ein Abfall/Anstieg des Signals, ergo eine Vorzeichenumkehr. In der Realität sind solche selbstaffinen Eigenschaften auf Bereiche endlicher Längenskalen beschränkt. Daher sind neben dem Rauheitsexponenten auch die entsprechenden oberen und unteren Abschneide- beziehungsweise Übergangslängen von Bedeutung.

Diese Invarianz der affinen Transformation bei Bruchflächen zeigt sich ebenfalls in einer charakteristischen Wahrscheinlichkeitsverteilung $P_{\Delta r}(\Delta h)$ der Höheninkremente Δh zwischen zwei Punkten des Profils mit dem Abstand Δr

$$P_{\Delta r}(\Delta h) = \Delta r^{\zeta} \check{f}(\Delta h / \Delta r^{\zeta}), \tag{8.5}$$

wobei die Verteilungsfunktion $\check{f}$ hinreichend gut durch eine Normalverteilung beschrieben werden kann, siehe Bonamy [9]. In diesem Fall kann durch den Exponenten ζ die Statistik der Rauheit in dem betroffenen Längenskalenbereich vollständig charakterisiert werden. Da man für eine solche Analyse einen großen Datensatz braucht, wird zur Bestimmung des selbstaffinen Exponenten nicht die Auswertung der Wahrscheinlichkeitsverteilung der Höhenfluktuationen benutzt, sondern es wird auf die in Abschnitt 8.2 beschriebenen Methoden zurückgegriffen.

In vielen Fällen benutzt man zur Auswertung die Höhendifferenzkorrelationsfunktion, definiert durch

$$C_2(\Delta r) = \left\langle \left(h(r + \Delta r) - h(r) \right)^2 \right\rangle_r^{\frac{1}{2}}, \tag{8.6}$$

wobei durch $\langle \ldots \rangle_r$ der Mittelwert über alle möglichen Koordinaten r gebildet wird. Als Rauheitsparameter wird in diesem Fall somit das Quadrat der Höhendifferenz zwischen dem Beginn und dem Ende des jeweiligen Fensters der Größe Δr genutzt. Ein selbst-affines Profil zeichnet sich durch eine Abhängigkeit

$$C_2(\Delta r) \propto \Delta r^{\zeta} \tag{8.7}$$

aus.

Zahlreiche Untersuchungen fanden bisher an Bruchflächen statt, die infolge eines Sprödbruchs entstanden sind. Dabei wurde in den meisten Fällen ein Rauheitsexponent von $\zeta \approx 0{,}8$ gefunden, der aufgrund seiner Unabhängigkeit von der jeweiligen Werkstoffstruktur und des jeweiligen Wertes der Risszähigkeit als universell für Bruchflächen angenommen wurde, siehe Bouchaud et al. [10,11]. Es sei jedoch erwähnt, dass einige veröffentlichte Ergebnisse auch Diskrepanzen zu diesem Wert aufwiesen, so dass diese Universalität auch beständig hinterfragt wurde, siehe Bonamy [9].

Neuere Arbeiten hingegen zeigen, dass es von entscheidender Bedeutung ist, auf welchen Längenskalen ein solcher Rauheitsexponent bestimmt wurde und in welcher Richtung die dafür verwendeten Bruchflächenprofile aus der gemessenen Topographie extrahiert wurden, siehe Ponson [107], Alava et al. [1] und Bonamy [9]. So wurden zum Beispiel an Bruchflächen von metallischen Legierungen, Beton, Holz und Glas für Profile, die parallel zur Rissfront beziehungsweise parallel zur Ausbreitungsrichtung des Risses sind, Rauheitsexponenten von $\zeta \approx 0{,}8$ und $\beta \approx 0{,}6$ gefunden. Dagegen zeigten zum Beispiel Bruchflächen von Sandstein und gesinterten Glaskugeln Rauheitsexponenten von $\zeta \approx 0{,}4$ und $\beta \approx 0{,}5$.

Derartige Rauheitsexponenten konnten auch durch eine zweidimensionalen Auswertung der Bruchflächentopographie durch zweidimensionale Höhendifferenzkorrelationsfunktionen, siehe Gleichung (8.16) weiter unten, bestätigt werden. Es konnte damit gezeigt werden, dass Bruchflächen ein sogenanntes Family-Vicsek-Skalenverhalten, ähnlich dem Skalenverhalten beim Wachstum von Grenzflächen, siehe Family und Vicsek [29], aufweisen. Ein solches Skalenverhalten wird durch drei Exponenten charakterisiert, wobei nur zwei voneinander unabhängig sind.

Neben diesen erwähnten charakteristischen Rauheitsexponenten wurden jedoch auch logarithmische Skalenbeziehungen auf größeren Längenskalen, unter anderem für Bruchflächen von metallischen Legierungen, Beton und Gläsern gefunden.

Parallelen zu den gefundenen Skalenbeziehungen lassen sich in Modellen der statistischen Physik finden, die das Voranschreiten eines Risses als eine Bewegung der Rissfront betrachten. Ein solcher Prozess wird als Bewegung einer deformierbaren Linie in einem ungeordneten Medium aufgrund einer äußeren treibenden Kraft beschrieben, siehe Bonamy [9] und Ponson [107]. Dabei resultiert die Rauheit der Linie aus dem Wechselspiel zwischen den durch die Materialinhomogenitäten induzierten Deformationen der Linie und den langreichweitigen elastischen Eigenschaften der Linie. Im Rahmen der linear-elastischen Bruchmechanik unter Berücksichtigung lokaler Rissablenkungen aufgrund der Heterogenität des Materials und durch eine nicht vollkommene Symmetrie der experimentellen Anordnung können sowohl das logarithmische Skalenverhalten als auch Rauheitsexponenten von $\zeta \approx 0{,}4$ und $\beta \approx 0{,}5$ im Pinning/Depinning-Übergang erklärt werden. Da ein solches Modell von mechanischen Feldern außerhalb der Bruchprozesszone ausgeht, charakterisieren diese Skalenbeziehungen die Rauheit auf Längenskalen, die größer als die Bruchprozesszonengröße sind. Für Rauheitsexponenten von $\zeta \approx 0{,}8$ und $\beta \approx 0{,}6$ spielt die Existenz eines Schädigungsmechanismus, siehe Dalmas et al. [21], und daraus resultierenden kurzreichweitigeren Wechselwirkungen der elastischen Linie eine wichtige Rolle.

Diese Rauheitsexponenten charakterisieren demnach die Bruchfläche auf Längenskalen, die kleiner als die Bruchprozesszonengröße sind. Diese größeren Rauheitsexponenten sind demzufolge als Indikator für einen duktilen Bruchmechanismus, der aus dem Prozess der Bildung, Vergrößerung und Koaleszenz von Kavitäten beziehungsweise Mikrorissen besteht, anzusehen. Die dazugehörige obere Abschneidelänge kann somit genutzt werden, um die Größe der Bruchprozesszone abzuschätzen, siehe Ponson [107].

Für Bruchflächen existieren somit zwei unterschiedliche Klassen von universellen Rauheitsexponenten und eine Klasse mit einem logarithmischen Skalenverhalten. Auch wenn es sich um vollkommen unterschiedliche Materialien handelt, ist es interessant herauszustellen, dass aufgrund der Universalität der Rauheitsexponenten auf kleineren Längenskalen der grundlegende Mechanismus in der Prozesszone ähnlich ist. Er besteht in allen Fällen aus der Bildung, Vergrößerung und Koaleszenz von Kavitäten beziehungsweise Mikrorissen. Gerade die Koaleszenz scheint dabei der entscheidende Mechanismus für die charakteristischen höheren Rauheitsexponenten zu sein. Der universelle Charakter der Rauheitsexponenten weist darauf hin, dass keine Korrelation zwischen der Bruchzähigkeit und dem Rauheitsexponenten existiert. Korrelationen sind eher mit den charakteristischen Längenskalen zu finden. Es sollte dabei jedoch beachtet werden, dass unter Umständen auch Prozesse außerhalb der Bruchprozesszone zähigkeitssteigernd sein können.

In vielen Fällen wird Gleichung (8.6) zur Bestimmung von Rauheitsexponenten herangezogen, vorausgesetzt das Profil ist selbstaffin. Ein Potenzgesetz stellt jedoch keinen Nachweis der Selbstaffinität dar. So wurde von Santucci et al. [118] gezeigt, dass Bruchflächen auf sehr kleinen Längenskalen nicht mehr selbstaffin, sondern multiaffin sind. Multiaffines Skalenverhalten geht dabei mit einer Abweichung von der in Gleichung (8.5) angegebenen Normalverteilung der Höhenfluktuationen einher. Neben der expliziten Analyse der Verteilung der Höhenfluktuationen auf unterschiedlichen Längenskalen sind multiaffine Skalenbeziehungen auch durch die Analyse von Höhendifferenzkorrelationsfunktionen der Ordnung k

$$C_k(\Delta r) = \left\langle |h(r + \Delta r) - h(r)|^k \right\rangle_r^{\frac{1}{k}} \tag{8.8}$$

basierend auf dem k-ten Moment der Höhenfluktuationen

$$\Delta h(\Delta r) = |h(r + \Delta r) - h(r)| \tag{8.9}$$

auf der Skale Δr detektierbar, siehe Santucci et al. [118]. Dabei wird ein Rauheitsprofil selbstaffin genannt, wenn mit allen Höhendifferenzfunktionen ein von der Ordnung k unabhängiger Rauheitsexponent ermittelt werden kann. Ist dies nicht der Fall, so ist diese Skalenbeziehung multiaffin. Die Ursache dieser Multiaffinität ist in vertikalen Sprüngen in den gemessenen Rauheitsprofilen zu sehen. Sie entstehen durch Überhänge, die bei der Abtastung der Oberfläche nicht erfasst werden können. Das Vorhandensein derartiger Sprünge führt zu einer Abweichung von der Normalverteilung der Höhenfluktuationen und somit zu multiaffinen Skalenbeziehungen, siehe Santucci et al. [118].

Es ist weiterhin anzumerken, dass die erwähnten selbstaffinen Eigenschaften von Bruchflächen nur vorzufinden sind, wenn die Rauheit stationär ist. Wird ein Riss initiiert, so ist im beginnenden Stadium das Skalenverhalten der Rauheit komplizierter zu beschreiben. Es gibt in diesem Fall neben den zuvor schon erwähnten lokalen Rauheitsexponenten noch einen globalen Rauheitsexponenten, der die Skalierung mit der Probenbreite charakterisiert, siehe Bonamy [9].

8.4 Analyse einer Elastomerbruchfläche

(a) Photographische Aufnahme der Bruchfläche

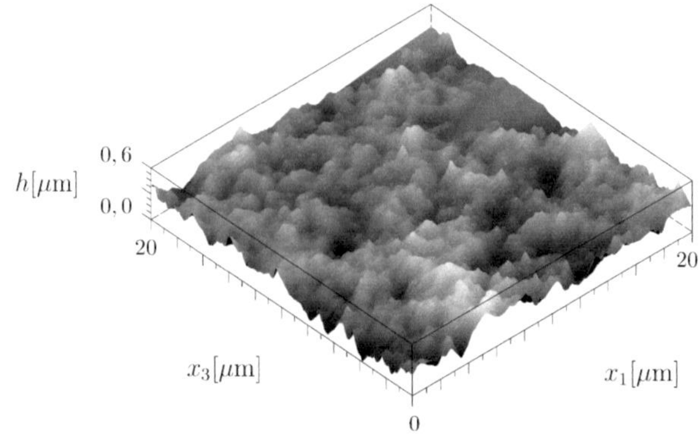

(b) Rasterkraftmikroskopische Aufnahme der Topographie

Abbildung 8.4: Aufnahmen der untersuchten Bruchfläche. Die Analyse der Topographie erfolgte im Bereich der instabilen Rissausbreitung.

Im folgenden Abschnitt wird anhand einer Bruchfläche eines Elastomers gezeigt, welche Informationen sich aus der Topographie hinsichtlich des Bruchprozesses ableiten lassen. Für eine Untersuchung einer Bruchfläche auf unterschiedlichen Längenskalen und mit unterschiedlichen Methoden wurde eine Bruchfläche ausgewählt, welche makroskopisch relativ glatt ist und deren Topographie somit auch mit Messmethoden auf kleinsten Skalen wie der Atomkraftmikroskopie (AFM) erfasst werden konnte. Der untersuchte Teil der Bruchfläche entstand durch eine instabile Rissausbreitung in einem hochgefüllten Elastomer, siehe Tabelle 2.1 für die Mischungszusammensetzung. Die Charakterisierung der Bruchflächentopographie erfolgte mit unterschiedlichen Methoden, welche die Topographie auf unterschiedlichen Längenskalen erfassen. Bezüglich einer Charakterisierung des Skalenverhaltens waren jedoch nur die auf den AFM-Datensätzen basierenden Ergebnisse sinnvoll, so dass sich die folgende Analyse auf diese Daten beschränkt, siehe Horst et al. [55]. Bei Methoden, mit denen die Topographie der Bruchfläche auf größeren Längenskalen erfasst wurde, reichte die laterale Auflösung nicht aus, um dieses Skalenverhalten aufzuzeigen.

Für die Erzeugung der Bruchflächen wurde ein Prüfkörper benutzt, dessen Abmessungen 100 mm×25 mm×6 mm (Höhe×Breite×Dicke) betrugen. In diesen Prüfkörper wurde eine einseitige Rasierklingenkerbe von 6 mm Länge eingebracht, siehe Reincke [111]. Der Prüfkörper wurde bei einer Einspannlänge von 40 mm quasistatisch auf Zug beansprucht. Nach einer kurzen Dauer, während dieser sich der Riss mit einer sehr kleinen Geschwindigkeit (in der Größenordnung μm/s) stabil ausbreitete, erfolgte der Übergang zur instabilen Rissausbreitung, wobei sich die Rissgeschwindigkeit um etwa fünf Größenordnungen erhöhte.

Die Analyse erfolgte in Bereichen der Bruchfläche, die durch eine instabile Rissausbreitung entstanden sind. Die Bruchfläche des Prüfkörpers sowie eine typische rasterkraftmikroskopische Aufnahme der Bruchflächentopographie sind in Abbildung 8.4 zu sehen. Für die statistische Analyse wurden sieben derartige rasterkraftmikroskopische Datensätze ausgewertet.

Für eine eindimensionale Analyse wurden alle möglichen Profile sowohl in Rissrichtung als auch senkrecht dazu extrahiert. Die Analyse erfolgte anschließend mittels Höhendifferenzkorrelationsfunktionen der Ordnung k, das heißt durch

$$C_k(\Delta x_1) = \left\langle |h(x_1 + \Delta x_1) - h(x_1)|^k \right\rangle_{x_1}^{\frac{1}{k}} \tag{8.10}$$

für Profile parallel zur Rissrichtung und durch

$$C_k(\Delta x_3) = \left\langle |h(x_3 + \Delta x_3) - h(x_3)|^k \right\rangle_{x_3}^{\frac{1}{k}} \tag{8.11}$$

für Profile parallel zur Rissfront.

Für die Darstellung wurden die Ergebnisse entsprechend den Werten, die sich bei einer Normalverteilung der Höhenfluktuation ergeben, normiert. Dazu wurde in Anlehnung an Santucci et al. [118] für jede Analyse eines Rauheitsprofils der Quotient

$$R_k = \frac{C_k(\Delta r)}{C_2(\delta r)} \tag{8.12}$$

definiert. Für den Fall, dass die Höhenfluktuationen normalverteilt sind, ergeben sich

$$C_k^G(\Delta r) = \left(2\Delta r^{2\zeta}\right)^{\frac{1}{2}} \left(\Gamma\left(\frac{\frac{k+1}{2}}{\sqrt{\pi}}\right)\right)^{\frac{1}{k}} \tag{8.13}$$

und folglich

$$R_k^G = \sqrt{2} \left(\frac{\Gamma\left(\frac{k+1}{2}\right)}{\sqrt{\pi}}\right)^{\frac{1}{k}} \tag{8.14}$$

mit der Gamma-Funktion, siehe Bronstein et al. [16],

$$\Gamma(x) = \int_0^\infty t^{x-1} e^{-t}\, dt. \tag{8.15}$$

Typische Ergebnisse für Profile parallel zur Rissrichtung und senkrecht dazu sind den Abbildungen 8.5 und 8.6 zu entnehmen. Ein expliziter Vergleich zwischen beiden analysierten Richtungen ist Abbildung 8.7 zu entnehmen. Dabei kennzeichnet der Anstieg der eingezeichneten linearen Funktion in der doppelt logarithmischen Darstellung den Wert des jeweiligen Rauheitsexponenten. Auf die Weise wurden Rauheitsexponenten von

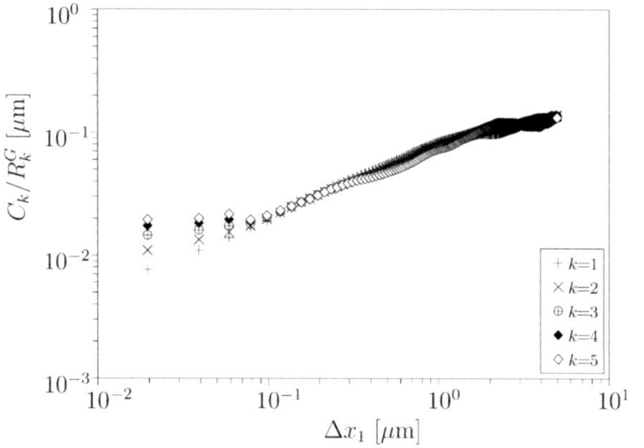

Abbildung 8.5: Normierte Höhendifferenzkorrelationsfunktionen $C_k/R_k^G(\Delta x_1)$ für ein Profil parallel zur Rissrichtung

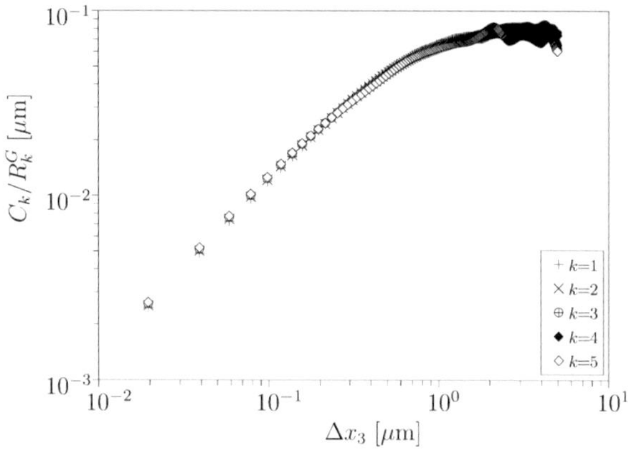

Abbildung 8.6: Normierte Höhendifferenzkorrelationsfunktionen $C_k/R_k^G(\Delta x_3)$ für ein Profil parallel zur Rissfront

$\zeta \approx 0{,}9$ und $\beta \approx 0{,}7$ ermittelt, siehe Tabelle 8.1. Auch wenn der entsprechende Längenskalenbereich relativ klein ist, so zeigt sich, dass die Werte in diesem Bereich konsistent mit den höheren Rauheitsexponenten sind, die auf Längenskalen kleiner als die Größe der Bruchprozesszone bei anderen Materialien gefunden wurden. Weiterhin erkennt man ein multiaffines Skalenverhalten bei Profilen in Rissrichtung auf Längenskalen kleiner als 80 nm, siehe Abbildung 8.5. Die obere Abschneidelänge liegt in beiden Richtungen bei 400 nm, was als grobe Abschätzung für die Größe der Bruchprozesszone genutzt werden kann. Sie kennzeichnet den Einflussbereich, in dem der wesentliche Mechanismus die Koaleszenz von Materialschädigungen wie Mikrorissen oder Kavitäten ist. Die untere Ab-

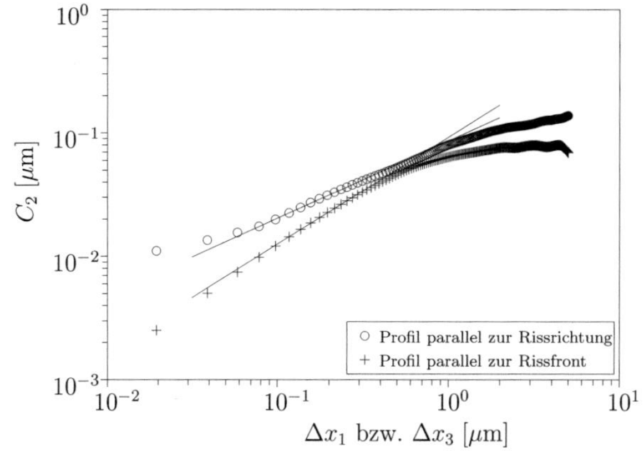

Abbildung 8.7: Vergleich der Höhendifferenzkorrelationsfunktion C_2 für Profile parallel zur Rissrichtung und parallel zur Rissfront

Tabelle 8.1: Rauheitsexponenten, ermittelt aus der Analyse eindimensionaler Höhendifferenzkorrelationsfunktionen für extrahierte Bruchflächenprofile

Datensatz	ζ	β
1	$0{,}84 \pm 0{,}04$	$0{,}65 \pm 0{,}06$
2	$0{,}86 \pm 0{,}04$	$0{,}71 \pm 0{,}08$
3	$0{,}84 \pm 0{,}03$	$0{,}71 \pm 0{,}05$
4	$0{,}89 \pm 0{,}02$	$0{,}67 \pm 0{,}05$
5	$0{,}85 \pm 0{,}03$	$0{,}66 \pm 0{,}05$
6	$0{,}88 \pm 0{,}03$	$0{,}76 \pm 0{,}05$
7	$0{,}91 \pm 0{,}03$	$0{,}73 \pm 0{,}06$
Durchschnitt	$0{,}87 \pm 0{,}03$	$0{,}70 \pm 0{,}06$

schneidelänge des selbstaffinen Bereiches ist etwas kleiner als die mittlere Größe der im Elastomer enthaltenen Rußaggregate, was wegen des multiaffinen Skalenverhaltens auf kleineren Längenskalen die Vermutung nahe legt, dass bei hochgefüllten Elastomeren die mit fortschreitender Beanspruchung geschädigte nanoskopische Polymerschicht zwischen benachbarten Füllstoffaggregaten, siehe Klüppel [64], die Vorstufe eines Mikrorisses beziehungsweise einer Kavität darstellt.

Eine Analyse der zweidimensionalen Topographie mittels 2D-Höhendifferenzkorrelationsfunktion zweiter Ordnung

$$C_2^{2D}(\Delta x_3, \Delta x_1) = \left\langle |h(x_3 + \Delta x_3, x_1 + \Delta x_1) - h(x_3, x_1)|^2 \right\rangle_{x_3,x_1}^{\frac{1}{2}} \tag{8.16}$$

bietet eine alternative Bestimmung von Rauheitsexponenten. Das Ergebnis einer solchen Auswertung einer Bruchfläche ist Abbildung 8.8 zu entnehmen. In der eingefügten Darstellung sind Höhendifferenzkorrelationsfunktionen C_2^{2D} als Funktion von Δx_3 für jeweils konstante Δx_1 zu sehen. Normiert man die Achsen der Darstellung in geeigneter Form, überlagern sich die einzelnen Funktionen zu einer Kurve. Die Normierung der Ordinate erfolgte dabei mit Δx_1^{β}, die der Abszisse mit $\Delta x_1^{1/z}$.

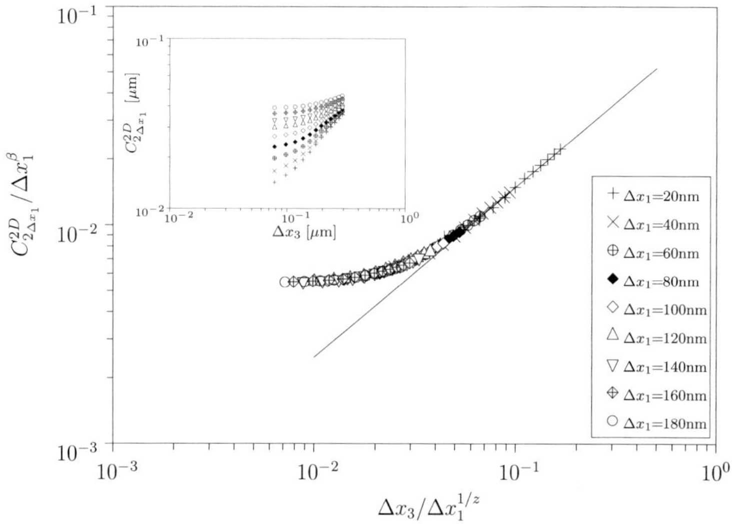

Abbildung 8.8: Nichtnormierte und normierte zweidimensionale Höhendifferenzkorrelationsfunktionen $C^{2D}_{2_{\Delta x_1}}$ für konstante Δx_1

Ein derartiges Skalenverhalten im selbstaffinen Längenskalenbereich kann durch ein Family-Vicsek-Skalenverhalten, das heißt durch

$$C_2^{2d}(\Delta x_3, \Delta x_1) \propto \Delta x_1^{\beta}\, \hat{f}\left(\frac{\Delta x_3}{\Delta x_1^{1/z}}\right) \tag{8.17}$$

mit

$$\hat{f}(u) = \begin{cases} 1 & \text{für } u << 1 \\ u^{\zeta} & \text{für } u >> 1 \end{cases}$$

beschrieben werden. Es wird durch die drei Exponenten ζ, β und z charakterisiert. Sie werden als Rauheitsexponent, Wachstumsexponent und dynamischer Exponent, in Anlehnung an die Bezeichnung charakteristischer Exponenten von Grenzflächenwachstumsprozessen, siehe Family und Vicsek [29], bezeichnet. Die Bestimmung der Exponenten β und z erfolgte anhand der Normierung von Abszisse und Ordinate. Der Exponent ζ wird anschließend über den Anstieg dieser überlagerten Kurvenstücke im Bereich größerer Längenskalen bestimmt.

Die Auswertung der sieben Datensätze lieferte die in Tabelle 8.2 dargestellten Ergebnisse. Es zeigt sich wiederum, dass ähnliche Exponenten wie bei der Analyse der Rauheitsprofile auch bei der zweidimensionalen Analyse ermittelt werden konnten. Die untersuchte Bruchfläche wird folglich durch die zwei Exponenten $\zeta \approx 0{,}9$ und $\beta \approx 0{,}8$ in einem Längenskalenbereich zwischen 80 und 400 nm charakterisiert. Exponenten dieser Größe sind charakteristisch für einen duktilen Prozess.

Tabelle 8.2: Exponenten, ermittelt aus der Analyse zweidimensionaler Höhendifferenzkorrelationsfunktionen für Bruchflächen.

Datensatz	ζ	β	z	ζ/β
1	0,84	0,72	1,22	1,17
2	0,89	0,79	1,19	1,13
3	0,78	0,68	1,21	1,15
4	0,93	0,78	1,26	1,19
5	0,89	0,87	1,20	1,14
6	0,98	0,81	1,17	1,20
7	0,93	0,81	1,25	1,15
Durchschnitt	$0{,}89 \pm 0{,}06$	$0{,}76 \pm 0{,}05$	$1{,}21 \pm 0{,}03$	1,17

Für weiterführende Studien sollten derartige Untersuchungen an verschiedenen Elastomerbruchflächen, die unter unterschiedlichen Bedingungen entstanden sind, erfolgen. Es ist ebenfalls notwendig, diese Bedingungen genau zu erfassen, insbesondere was die Rissgeschwindigkeit betrifft, um genauere Interpretationen zuzulassen und Unterschiede in den charakteristischen Längenskalen zu detektieren.

Problematisch bei einer solchen Analyse ist die Auswahl eines geeigneten Messgerätes. Elastomerbruchflächen sind in der Regel sehr rau auf makroskopischen Längenskalen. Werden nur die großen Längenskalen mit einem Messgerät erfasst, so findet man die gezeigte Charakteristik nur unvollständig oder gar nicht in den Ergebnissen der statistischen Analyse wieder. Für rasterkraftmikroskopische Messungen, mit denen nur relativ kleine Höhendifferenzen erfasst werden können, sind jedoch die meisten Elastomerbruchflächen zu rau. Eine Möglichkeit den interessanten Bereich auf kleinen Längenskalen zu erfassen, besteht in der photogrammetrischen Auswertung elektronenmikroskopischer Aufnahmen, siehe Hemmleb [50]. Jedoch ist diese Methode sehr aufwändig und beinhaltet viele Fehlermöglichkeiten, siehe Meutzner [89].

8.5 Überlegungen zum Bruchprozess in gefüllten Elastomeren

Der Bruchprozess in Elastomeren ist, wie in jedem realen Material, sehr vielgestaltig und komplex. Erste Überlegungen dazu gibt es von Lake und Thomas [72]. Sie betrachteten den Bruch von Polymerkettenabschnitten zwischen Vernetzungspunkten. Dabei nahmen sie an, dass bei einer gestreckten Polymerkette kurz vor dem Bruch alle chemischen Bindungen der Hauptkette gedehnt sind. Versagt eine chemische Bindung der Kette, so wird die gesamte Kette entlastet und Energiebeiträge aller chemischen Bindungen tragen zur Energiefreisetzung bei. Auf diese Art und Weise konnte zumindest die Größenordnung der Reißenergie im Fall minimierter viskoelastischer Energiedissipation ermittelt werden.

In realen Elastomerwerkstoffen stellt sich allerdings heraus, dass der Bruchprozess wesentlich komplexer ist, als dass er mit derartigen Überlegungen auf Kettenniveau zu erklären ist. Für den Bruchprozess ist dabei die Heterogenität des Materials von entscheidender Bedeutung. Elastomere weisen Strukturdetails auf unterschiedlichsten Längenskalen auf. Für eine gezielte Optimierung der Werkstoffe ist es jedoch notwendig zu wissen, auf welchen Längenskalen der Bruchprozess abläuft.

Auf kleinsten Längenskalen, das heißt auf Kettenniveau, ist selbstverständlich die notwendige Bedingung für eine Ausbreitung eines Risses in vernetzten Polymeren, dass Polymerketten reißen. Dies ist sowohl bei kleinen Raten im Gleichgewichtszustand, das heißt nach der Relaxation der Ketten, wenn die maximale Verstreckbarkeit erreicht ist und eine weitere Laststeigerung zum Kettenbruch führt, als auch bei hohen Raten im Nichtgleichgewichtszustand, das heißt bevor die Kette relaxiert, möglich. In beiden Fällen werden in ihrer Mobilität eingeschränkte Polymerketten überlastet. Die Mobilität kann neben hohen Belastungsraten auch durch die Temperatur und eine starke Verstreckung eingeschränkt sein. Somit ist dies eine notwendige Voraussetzung für das Reißen von Polymerketten. Ein Bruch von Polymerketten wird außerdem durch einen positiven hydrostatischen Spannungszustand, der zu Materialschädigungen in Form von Mikrorissen oder Kavitäten führt, begünstigt, wobei eine Unterscheidung zwischen beiden Formen sicherlich schwer fällt. Im deformierten Zustand würde man eher von Kavitäten sprechen, die sich jedoch im nichtdeformierten Zustand als Mikrorisse darstellen. Der Kettenbruch manifestiert sich auf einer mesoskopischen Skale als fortschreitende Materialschädigung aufgrund der irreversiblen Vergrößerung und Bildung von Kavitäten beziehungsweise Mikrorissen. Die Wechselwirkung dieser Defekte untereinander sowie mit dem vorhandenen Riss sind charakteristische für einen duktilen Bruchmechanismus, der auf einen strukturabhängigen Bereich lokalisiert bleibt. Dass dieser Mechanismus innerhalb der Bruchprozesszone einen universellen Mechanismus für alle Materialien darstellt, wird durch charakteristische Rauheitsexponenten auf bestimmten Längenskalen der Bruchflächen deutlich.

Hervorzuheben ist bei Elastomeren ebenfalls der Einfluss der Rissgeschwindigkeit in Verbindung mit dem Glasübergang, was sich in veränderten Bruchflächenmorphologien wiederspiegelt. Es zeigt sich, dass nicht nur die Reißenergie, sondern ebenfalls der Bruchprozess auf mesoskopischen Längenskalen selbst von der Rissgeschwindigkeit abhängt. Bei kleinen Rissgeschwindigkeiten wird ein deutliches Aufweiten der Rissspitze beobachtet. Es kann bei stabiler Rissausbreitung, insbesondere in ungefüllten und wenig gefüllten Elastomeren, beobachtet werden, dass die Rissfront nicht gleichmäßig voranschreitet, sondern Teile von ihr zurück bleiben und beim anschließenden Weiterreißen in Richtung der schon neu gebildeten Bruchflächen benachbarter Teilstücke abgelenkt werden. Diese Eigenheit manifestiert sich auf den Bruchflächen in Form von charakteristischen kreuzschraffurähnlichen Strukturen. Dieser Mechanismus der Rissausbreitung wird bei größeren Rissgeschwindigkeiten nicht mehr wirksam. Er hängt somit offensichtlich mit der elastischen Rissaufweitung aufgrund der Entropieelastizität bei kleinen Beanspruchungsraten zusammen.

Es ist anzunehmen, dass die Bruchflächenmorphologie auch vom Deformationszustand im Ligament vor der Rissausbreitung abhängt, da viskoelastischen Eigenschaften auch vom Deformationszustand abhängig sind. Febbo et al. [30] zeigten, dass sich die Dynamik bei hochverstreckten Polymerketten dramatisch ändert. Es sei jedoch darauf verwiesen, dass bei moderaten Deformationen diese Änderung gering ist und nur bei sehr großen Deformationen auftritt. Demzufolge wird das Relaxationszeitspektrum bei moderaten De-

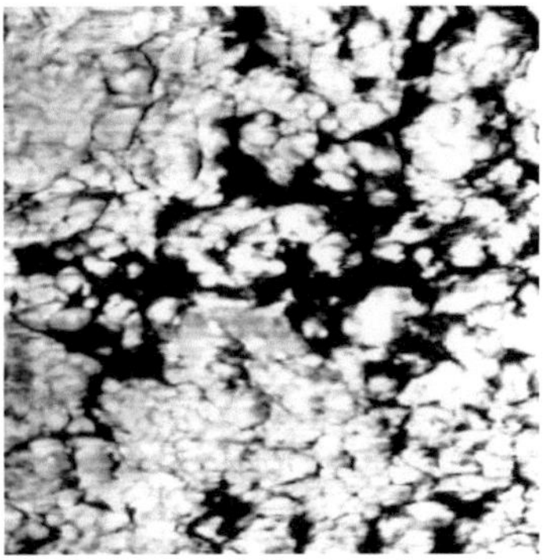

(a) Phasenbild einer atomkraftmikroskopischen Aufnahme der Bruchfläche

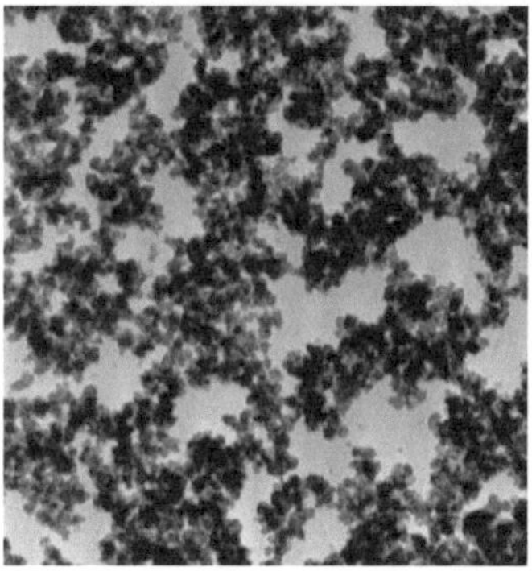

(b) Transmissionselektronenmikroskopische Aufnahme des Rußnetzwerkes

Abbildung 8.9: Vergleich eines Phasenbildes einer atomkraftmikroskopischen Aufnahme einer Bruchfläche, siehe Weiß [140], mit einer transmissionselektronenmikroskopischen Aufnahme, siehe Klüppel [64], jeweils für ein Styrol-Butadien-Vulkanisat, gefüllt mit 50 phr Ruß N330

formationen nur unwesentlich im Vergleich zu kleinen Deformationen verändert.

Das Vorhandensein von Füllstoffen hat aufgrund hydrodynamischer Verstärkung eine höhere Verstreckung der Polymerketten im Vergleich zur mittleren Verstreckung des Materials zur Folge, was wiederum für den Bruchprozess von Bedeutung ist. Während außerhalb der Bruchprozesszone die Verteilung der Clustergröße der Füllstoffe und deren Veränderungen von großer Bedeutung für den Beanspruchungszustand ist, kann beim Bruchprozess davon ausgegangen werden, dass in Rissspitzennähe aufgrund der hohen Deformation alle Agglomerate aufgebrochen sind und Füllstoffe in Aggregatform vorliegen. Somit spielen Füllstoff-Füllstoff-Wechselwirkungen keine wesentliche Rolle für den Bruchprozess. Es ist anzunehmen, dass sich der Riss nur zwischen Aggregaten ausbreiten kann und die geschädigte Polymerschicht zwischen benachbarten Füllstoffaggregaten die Vorstufe eines Materialdefektes darstellt. Diese Vermutung wird durch einen Vergleich der Phaseninformation einer rasterkraftmikroskopischen Aufnahme der Bruchfläche mit einer transmissionselektronenmikroskopischen Aufnahme des Rußnetzwerkes bestätigt, siehe Abbildung 8.9. In der Phaseninformation einer Bruchfläche eines hochgefüllten SBR-Vulkanisats, ist ein härteres Material, verursacht durch eine Schicht immobilisierten Polymers in der Nähe der Füllstoffoberfläche, durch helle Gebiete dargestellt. Transmissionselektronenmikroskopischen Aufnahmen des Werkstoffs auf vergleichbaren Längenskalen zeigen, dass sich ein durchgehendes Rußnetzwerk ausgebildet hat, dargestellt durch dunkle Gebiete. Die dargestellten Strukturen ähneln sich dabei in ihrer Form und Abmessung.

Kapitel 9

Zusammenfassung und Ausblick

9.1 Zusammenfassung

In der vorliegenden Arbeit wurden unterschiedliche Aspekte der Rissausbreitung in Elastomeren und sowie Ansätze zu deren Verständnis vorgestellt. Aufgrund der großen Deformierbarkeit von Elastomeren ist eine lokale bruchmechanische Charakterisierung dieser Werkstoffe generell nicht möglich. Es muss daher auf eine Charakterisierung durch eine globale Energiebilanz während des Rissfortschritts zurückgegriffen werden. Demnach wird die Rissausbreitung durch die Energie charakterisiert, die notwendig ist, um einen Riss um einen infinitesimalen Betrag zu vergrößern. Der Beitrag damit einhergehender energiedissipativer Prozesse ist dabei entscheidend hinsichtlich optimierter bruchmechanischer Eigenschaften.

Wesentliche dissipative Prozesse in Elastomeren hängen einerseits mit dem molekularen Bewegungsverhalten der Kettensegmente des schwach vernetzten Polymers und andererseits mit deformationsbedingten Veränderungen der Füllstoffstruktur zusammen. Während das molekulare Bewegungsverhalten für das in Elastomeren typische viskoelastische Verhalten verantwortlich ist, sind deformationsbedingte Änderungen der Füllstoffstruktur die Ursache füllstoffinduzierter Dissipationserscheinungen. In rissbehafteten Elastomerproben ist allerdings eine Unterscheidung, welcher Anteil der Energiedissipation mit einer Rissausbreitung einhergeht und welcher einzig und allein auf die konkreten Belastungsbedingungen zurückzuführen ist, schwierig. Daneben ist eine solche Energiedissipation nicht nur auf die unmittelbare Umgebung der Rissfront beschränkt. Dissipative Prozesse treten in der gesamten Probe auf. Auf der globalen Energiebilanz basierende bruchmechanische Kenngrößen sind daher von der Form und den geometrischen Abmessungen der Probe abhängig.

In der vorliegenden Arbeit wurden die Grundlagen einer solchen energetischen Charakterisierung der Rissausbreitung unter besonderer Berücksichtigung der Eigenheiten von Elastomerwerkstoffen dargelegt. Ausgehend von der globalen Energiebilanz, wurden unterschiedliche Energiebeiträge, die bei einer Rissausbreitung von Relevanz sind, im Fall ebener Körper diskutiert. Es wurde gezeigt, dass das J-Integral als ein Linienintegral eine sinnvolle bruchmechanische Größe darstellt, sofern außerhalb des gewählten Integrationspfades keine Energiedissipation auftritt und eine Rissausbreitung mit einer Translation charakteristischer, durch diesen Pfad eingeschlossener Felder einhergeht. Ist eine Energiedissipation nicht nur auf einen rissfrontnahen Bereich beschränkt, so ist der Wert des J-Integrals generell abhängig vom Integrationspfad. Aus unterschiedlichen Integrationspfaden resultierende Werte des J-Integrals stehen allerdings durch zusätzliche Flächenintegrale miteinander in Verbindung. Die Größe des J-Integrals bei einer Nahfeldkontur kann somit aus dem Wert des J-Integrals bei einer Fernfeldkontur und Korrekturtermen berechnet werden. Eine derartige Berechnungsvorschrift ist äquivalent zur Berechnung sogenannter materieller Kräfte an einer Rissspitze, denen eine Bedeutung als risstreibende Kräfte zugeschrieben wird. Allerdings enthalten auch diese Größen die Annahme, dass sich bei einer Rissausbreitung durch eine Kontur eingeschlossene, charakteristische Felder invariant durch den Körper bewegen. Eine Diskussion dieser Annahme hinsichtlich dissipativer Prozesse mit und ohne inhärente Zeitskalen führt allerdings auf eine wichtige Einschränkung bei zeitabhängigen dissipativen Prozessen wie zum Beispiel im Fall der Viskoelastizität. Demnach kann in diesem Fall nicht mehr generell von dieser Invarianz charakteristischer Felder bei einer Rissausbreitung ausgegangen werden. Diese Annahme begrenzt ebenfalls die Anwendbarkeit vektorieller J-Integrale hinsichtlich deren Interpretation als Größe maximaler Energiefreisetzung und als energetisch bevorzugte Richtung der Rissausbreitung. Es wurde gezeigt, dass nichttangentiale Komponenten des J-Integral-Vektors grundsätzlich anders im Sinne einer Energiebilanz interpretiert werden müssen als tangentiale Komponenten.

Unter bestimmten Bedingungen existieren auch im Fall viskoelastischen Materialverhaltens charakteristische, das heißt invariante Nahfelder. Im Rahmen der linearen Viskoelastiziät wurden solche charakteristischen Rissspitzennahfelder berechnet, um qualitativ den Einfluss der Rissgeschwindigkeit herauszustellen. Form- und volumenändernde Beiträge der Felder wurden dabei getrennt betrachtet und diskutiert. Der dynamische Glasübergang spielt nicht nur für die Größe der Reißenergie als bruchmechanischer Kenngröße sondern auch für den Bruchprozess eine wesentliche Rolle. Eine Erhöhung der Reißenergie mit steigender Rissgeschwindigkeit kann dabei auf eine viskoelastischer Energiedissipation infolge der Änderung des Schermoduls im Glasübergang zurückgeführt werden. Dilatorische Rissspitzennahfelder legen eine Änderung der Bruchprozesszonengröße beim Übergang von einer stabilen zu einer instabilen Rissausbreitung nahe. Eine Analyse von Bruchflächen bestätigt, dass der Bruchprozess bei großen Rissgeschwindigkeiten auf kleineren Längenskalen im Vergleich zur Rissausbreitung mit kleinen Rissgeschwindigkeiten stattfindet.

Exemplarisch wurde gezeigt, wie die Größe der Bruchprozesszone aus einer statistischen Analyse der Bruchflächentopographie abgeschätzt werden kann. Dabei nutzt man aus, dass Bruchflächen auf bestimmten, materialabhängigen Längenskalen selbstaffine Objekte mit charakteristischen Exponenten darstellen. So wurden für eine Elastomerbruchfläche mittels Höhendifferenzkorrelationsfunktionen selbstaffine Exponenten sowohl in Rissausbreitungsrichtung als auch senkrecht dazu bestimmt, die mit denen von Bruchflächen spröder und quasi-spröder Werkstoffe auf Längenskalen des Bruchprozesses übereinstimmen. Aus der oberen Abschneidelänge dieser Skalenbeziehung konnte somit die Größe der Bruchprozesszone abgeschätzt werden. Diese selbstaffine Skalenbeziehung wurde jedoch auf kleinen Längenskalen durch ein multiaffines Skalenverhalten aufgrund von Sprüngen in den Rauheitsprofilen begrenzt. Die Übereinstimmung der unteren Abschneidelänge mit der mittleren Aggregatgröße des verwendeten Rußes im Elastomerwerkstoff gibt einen Hinweis darauf, dass die mit steigender Beanspruchung geschädigte nanometerdicke Polymerschicht zwischen benachbarten Füllstoffaggregaten die Vorstufe einer Kavität beziehungsweise eines Mikrorisses darstellt.

9.2 Ausblick

Eine konsistente Berücksichtigung der dargelegten Ausführungen zur globalen Energiebilanz bei einem Rissfortschritt in Elastomeren, sowohl bei der experimentellen Bestimmung bruchmechanischer Kenngrößen als auch bei der Auswertung äquivalenter numerisch berechneter Randwertprobleme, scheint insbesondere in Hinblick auf eine Aufklärung der Geometrieabhängigkeit von großem Nutzen zu sein. Gemeinsam haben beide Zugänge das Potential, die Prozesse und deren Beeinflussung durch eine Modifizierung der Werkstoffstruktur besser zu verstehen. Dabei sollten ebenfalls viskoelastische Nahfelder bei großen Deformationen, dann allerdings im Rahmen einer Finite-Elemente-Berechnung, berücksichtigt werden. Insbesondere der Einfluss der elastischen Rissaufweitung bei kleinen Rissgeschwindigkeiten und deren Verhinderung bei großen Rissgeschwindigkeiten wäre so einer Untersuchung zugänglich. Allerdings ist ein Vergleich der berechneten mit den aus einer optischen Verformungsanalyse der Probenoberfläche ermittelten Verzerrungsfeldern angebracht, um die Eignung des jeweiligen benutzten Materialmodells zur Modellierung der Materialeigenschaften in Rissfrontnähe zu überprüfen.

Um die Lokalisierung der Materialschädigung in einer begrenzten Prozesszone im Rahmen makroskopischer Materialmodelle beschreiben zu können, ist auf nichtlokale Ansätze im Rahmen der Schädigungsmechanik zurückzugreifen. Eine implizite verzerrungsbasierte Gradientenapproximation unter Berücksichtigung von Gradienten zweiter Ordnung hat sich dabei sowohl hinsichtlich einer korrekten physikalischen Beschreibung des Prozesses als auch hinsichtlich einer numerischen Umsetzung als geeignet herausgestellt, siehe Peerlings et al. [102, 103]. Benötigte Längenskalen können dabei aus der statistischen Analyse der Bruchflächentopographie ermittelt werden.

Gerade in Hinblick auf charakteristische Rauheitsskalenbeziehungen stellen Elastomerwerkstoffe einen hervorragenden Gegenpol zu spröden Werkstoffen dar. Eine Weiterführung dieser Untersuchungen ist daher angebracht. Eine große Herausforderung bei diesen, in der Regel sehr rauhen Elastomerbruchflächen stellt allerdings die Auswahl einer geeigneten Messmethode auf kleinen Längenskalen dar. Bei der Auswertung der Bruchflächentopographie sollte neben Höhendifferenzkorrelationsfunktionen ebenfalls auf Fourier- und Wavelet-basierte Methoden zurückgegriffen werden. Eine Unterstützung dieser Untersuchungen mittels Schallemissionsanalyse kann weitere Erkenntnisse zum Materialschädigungsprozess, der mit der Rissausbreitung in Elastomeren einhergeht, bringen.

Literaturverzeichnis

[1] Alava, M. J. ; Nukala, P. K. V. V. ; Zapperi, S.: Statistical models of fracture. In: *Advances in Physics* 55 (2006), Nr. 3, S. 349–476

[2] Amestoy, M. ; Leblond, J. B.: Crack paths in plane situations–II. Detailed form of the expansion of the stress intensity factors. In: *International Journal of Solids and Structures* 29 (1992), Nr. 4, S. 465–501

[3] Anderson, T. L.: *Fracture mechanics: fundamentals and applications.* CRC, 2005

[4] Anuschewski, P. ; Brocks, W. ; Hellmann, D.: Characterisation of Ductile Tearing Resistance by the Energy Dissipation Rate: Effects of Material, Specimen Shape and Size. In: *Report GKSS 2002/13, GKSS Research Centre Geesthacht* (2002)

[5] Atluri, S. N. ; Nishioka, T.: Incremental path-independent integrals in inelastic and dynamic fracture mechanics. In: *Engineering Fracture Mechanics* 20 (1984), Nr. 2, S. 209–244

[6] Baumberger, T. ; Caroli, C. ; Martina, D. ; Ronsin, O.: Magic angles and cross-hatching instability in hydrogel fracture. In: *Physical Review Letters* 100 (2008), Nr. 17, S. 178303

[7] Bhowmick, A. K.: *Current topics in elastomers research.* CRC, 2008

[8] Böl, M.: *Numerische Simulation von Polymernetzwerken mit Hilfe der Finite-Elemente-Methode*, Ruhr-Universität Bochum, Diss., 2005

[9] Bonamy, D.: Intermittency and roughening in the failure of brittle heterogeneous materials. In: *Journal of Physics D: Applied Physics* 42 (2009), S. 214014

[10] Bouchaud, E.: The morphology of fracture surfaces: A tool for understanding crack propagation in complex materials. In: *Surface Review and Letters* 10 (2003), Nr. 5, S. 797–814

[11] Bouchaud, E. ; Lapasset, G. ; Planes, J.: Fractal dimension of fractured surfaces: a universal value. In: *Europhys. Lett* 13 (1990), Nr. 1, S. 73–79

[12] Brocks, W.: FEM-Analysen von Rissproblemen bei nichtlinearem Materialverhalten. In: *Technical Note GKSS/WMS/02/01, GKSS Research Centre Geesthacht* (2002)

[13] BROCKS, W. ; ANUSCHEWSKI, P.: Parametrizing ductile tearing resistance by four parameters. In: *Engineering Fracture Mechanics* 71 (2004), Nr. 1, S. 127–146

[14] BROCKS, W. ; SCHEIDER, I.: Numerical aspects of the path-dependence of the j-integral in incremental plasticity. In: *Report GKSS/WMS/01, GKSS Research Centre Geesthacht* 8 (2001)

[15] BROCKS, W. ; YUAN, H.: Numerical investigations on the significance of J for large stable crack growth. In: *Engineering Fracture Mechanics* 32 (1989), Nr. 3, S. 459–468

[16] BRONSTEIN, I. N. ; SEMENDJAJEW, K. A. ; MUSIOL, G. ; MÜHLIG, H.: *Taschenbuch der Mathematik*. Harri Deutsch Verlag, 2008

[17] BUSFIELD, J. J. C. ; TSUNODA, K. ; DAVIES, C. K. L. ; THOMAS, A. G.: Contributions of time dependent and cyclic crack growth to the crack growth behavior of non strain-crystallizing elastomers. In: *Rubber Chemistry and Technology* 75 (2002), Nr. 4, S. 643–656

[18] CALLEN, H. B. ; WELTON, T. A.: Irreversibility and generalized noise. In: *Physical Review* 83 (1951), Nr. 1, S. 34–40

[19] CHEREPANOV, G. P.: Crack propagation in continuous media(Griffith-Irwin method for studying crack propagation in arbitrary continuous media, deriving condition determining crack growth). In: *Journal of Appied Mathematics and Mechanics* 31 (1967), Nr. 3, S. 503–512

[20] COTTERELL, B. ; RICE, J. R.: Slightly curved or kinked cracks. In: *International Journal of Fracture* 16 (1980), Nr. 2, S. 155–169

[21] DALMAS, D. ; LELARGE, A. ; VANDEMBROUCQ, D.: Crack propagation through phase-separated glasses: Effect of the characteristic size of disorder. In: *Physical Review Letters* 101 (2008), Nr. 25, S. 255501

[22] DIANI, J. ; FAYOLLE, B. ; GILORMINI, P.: A review on the Mullins effect. In: *European Polymer Journal* 45 (2009), Nr. 3, S. 601–612

[23] DOI, M. ; EDWARDS, S. F.: *The theory of polymer dynamics*. Oxford University Press, 1988

[24] EDWARDS, S. F.: The statistical mechanics of polymerized material. In: *Proceedings of the Physical Society* 92 (1967), S. 9–16

[25] EDWARDS, S. F. ; VILGIS, T. A.: The tube model theory of rubber elasticity. In: *Reports on Progress in Physics* 51 (1988), S. 243–297

[26] EINSTEIN, A.: Eine neue Bestimmung der Moleküldimension. In: *Annalen der Physik* 19 (1906), S. 289–306

[27] EINSTEIN, A.: Berichtigung zu meiner Arbeit: Eine neue Bestimmung der Moleküldimension. In: *Annalen der Physik* 34 (1911), S. 591

[28] ERDOGAN, F. ; SIH, G. C.: On the crack extension in plates under plane loading and transverse shear. In: *Transactions of the ASME. Series D, Journal of Basic Engineering* 85 (1963), S. 519–527

[29] FAMILY, F. ; VICSEK, T.: *Dynamics of fractal surfaces*. World Scientific Pub Co Inc, 1991

[30] FEBBO, M. ; MILCHEV, A. ; ROSTIASHVILI, V. ; DIMITROV, D. ; VILGIS, T. A.: Dynamics of a stretched nonlinear polymer chain. In: *Journal of Chemical Physics* 129 (2008), S. 154908

[31] FLORY, P. J.: Theory of elasticity of polymer networks. The effect of local constraints on junctions. In: *Journal of Chemical Physics* 66 (1977), S. 5720

[32] FREUND, L. B.: *Dynamic fracture mechanics*. Cambridge University Press, 1998

[33] GENT, A. N.: *Engineering with rubber*. Hanser New York, 1992

[34] GENT, A. N.: A new constitutive relation for rubber. In: *Rubber Chemistry and Technology* 69 (1996), S. 59–61

[35] GENT, A. N. ; PULFORD, C. T. R.: Micromechanics of fracture in elastomers. In: *Journal of Materials Science* 19 (1984), Nr. 11, S. 3612–3619

[36] GENT, A. N. ; WANG, C.: Fracture mechanics and cavitation in rubber-like solids. In: *Journal of Materials Science* 26 (1991), Nr. 12, S. 3392–3395

[37] GÖKTEPE, S. ; MIEHE, C.: A micro-macro approach to rubber-like materials. Part III: The micro-sphere model of anisotropic Mullins-type damage. In: *Journal of the Mechanics and Physics of Solids* 53 (2005), Nr. 10, S. 2259–2283

[38] GÖLDNER, H.: *Lehrbuch höhere Festigkeitslehre. Band 1*. Fachbuchverlag, 1985

[39] GOLDSTEIN, R. V. ; SALGANIK, R. L.: Brittle fracture of solids with arbitrary cracks. In: *International Journal of Fracture* 10 (1974), Nr. 4, S. 507–523

[40] GRAHAM, G. A. C.: The correspondence principle of linear viscoelasticity theory for mixed boundary value problems involving time-dependent boundary regions. In: *Quarterly of Applied Mathematics* 26 (1968), S. 167–174

[41] GRIFFITH, A. A.: The phenomena of rupture and flow in solids. In: *Philosophical Transactions of the Royal Society of London. Series A* (1921), S. 163–198

[42] GROSS, D. ; SEELIG, T.: *Bruchmechanik mit einer Einführung in die Mikromechanik*. Springer Verlag, 2006

[43] GUTH, E.: Theory of filler reinforcement. In: *Journal of Applied Physics* 16 (1945), S. 20

[44] GUTH, E. ; GOLD, O.: On the hydrodynamical theory of the viscosity of suspensions. In: *Physical Review* 53 (1938), S. 322

[45] HAKIM, V. ; KARMA, A.: Crack path prediction in anisotropic brittle materials. In: *Physical Review Letters* 95 (2005), Nr. 23, S. 235501

[46] HAKIM, V. ; KARMA, A.: Laws of crack motion and phase-field models of fracture. In: *Journal of the Mechanics and Physics of Solids* 57 (2009), Nr. 2, S. 342–368

[47] HEINRICH, G. ; KLÜPPEL, M. ; GRELLMANN, W. ; VILGIS, T. A. ; KALISKE, M. ; BANDOW, B. ; STÜBLER, N. ; REINCKE, K. ; HORST, T. ; MORGNER, C.: *Bruchmechanik und Statistische Mechanik von verstärkten Elastomerblends*. 2008. – Zwischenbericht der DFG-Forschergruppe 597

[48] HEINRICH, G. ; KLÜPPEL, M. ; VILGIS, T. A.: Reinforcement of elastomers. In: *Current Opinion in Solid State and Materials Science* 6 (2002), Nr. 3, S. 195–203

[49] HEINRICH, G. ; STRAUBE, E. ; HELMIS, G.: Rubber elasticity of polymer networks: theories. In: *Adv. Polym. Sci* 85 (1988), S. 33–87

[50] HEMMLEB, M.: *Photogrammetrische Auswertung elektronenmikroskopischer Bilddaten*, Technische Universität Berlin, Dissertation, 2001

[51] HÖFER, P. ; LION, A.: Modelling of frequency-and amplitude-dependent material properties of filler-reinforced rubber. In: *Journal of the Mechanics and Physics of Solids* 57 (2009), Nr. 3, S. 500–520

[52] HOFMANN, W.: *Rubber technology handbook*. Hanser Verlag, 1989

[53] HORST, T. ; HEINRICH, G.: Crack propagation behavior in rubber materials. In: *Polymer Science Series A* 50 (2008), Nr. 5, S. 583–590

[54] HORST, T. ; LAUKE, B. ; HEINRICH, G.: Application of configurational forces in the context of a kinked crack. In: *Proceedings of Applied Mathematics and Mechanics* 6 (2007), Nr. 1, S. 173–174

[55] HORST, T. ; REINCKE, K. ; ILISCH, S. ; HEINRICH, G. ; GRELLMANN, W.: Fracture surface statistics of filled elastomers. In: *Physical Review E* 80 (2009), Nr. 4, S. 46120

[56] HUBER, G. ; VILGIS, T. A.: Universal properties of filled rubbers: mechanisms for reinforcement on different length scales. In: *Kautschuk Gummi Kunststoffe* 52 (1999), Nr. 2, S. 102–107

[57] HUSSAIN, M. A. ; PU, S. L. ; UNDERWOOD, J.: Strain energy release rate for a crack under combined Mode I and Mode II. In: *Fracture Analysis* (1974), S. 2–28

[58] HUTCHINSON, J. W.: Plastic stress and strain fields at a crack tip. In: *Journal of Mechanics and Physics of Solids* 16 (1968), Nr. 5, S. 13–31

[59] IRWIN, G. R.: Fracture dynamics. In: *Fracture of Metals* (1948), S. 147–166

[60] IRWIN, G. R.: Analysis of stresses and strains near the end of a crack traversing a plate. In: *Journal of Applied Mechanics* (1957), S. 361–364

[61] JAMES, H. M. ; GUTH, E.: Theory of the elastic properties of rubber. In: *Journal of Chemical Physics* 11 (1943), S. 455

[62] KANNINEN, M. F. ; POPELAR, C. L.: *Advanced fracture mechanics.* 1985

[63] KISHIMOTO, K. ; AOKI, S. ; SAKATA, M.: On the path independent integral $\hat{J}$. In: *Engineering Fracture Mechanics* 13 (1980), Nr. 4, S. 841–850

[64] KLÜPPEL, M.: The role of disorder in filler reinforcement of elastomers on various length scales. In: *Advances in Polymer Science* 164 (2003), S. 1–86

[65] KLÜPPEL, M.: Evaluation of viscoelastic master curves of filled elastomers and applications to fracture mechanics. In: *Journal of Physics: Condensed Matter* 21 (2009), S. 035104

[66] KNAUSS, W. G.: Time dependent fracture of polymers. In: *Advances in Fracture Research* 4 (1989), S. 2683–2711

[67] KOLEDNIK, O.: On the physical meaning of the J-Δa-curves. In: *Engineering fracture mechanics* 38 (1991), Nr. 6, S. 403–412

[68] KOLEDNIK, O. ; TURNER, C. E.: Application of energy dissipation rate arguments to ductile instability. In: *Fatigue & Fracture of Engineering Materials & Structures* 17 (2007), Nr. 10, S. 1129–1145

[69] KRAUS, G.: Mechanical losses in carbon black filled elastomers. 39 (1984), S. 75

[70] KUHN, W. ; GRÜN, F.: Beziehungen zwischen elastischen Konstanten und Dehnungsdoppelbrechung hochelastischer Stoffe. In: *Colloid & Polymer Science* 101 (1942), Nr. 3, S. 248–271

[71] KUNA, M.: *Numerische Beanspruchungsanalyse von Rissen: Finite Elemente in der Bruchmechanik.* Vieweg+ Teubner, 2010

[72] LAKE, G. J. ; THOMAS, A. G.: The strength of highly elastic materials. In: *Proceedings of the Royal Society of London. Series A, Mathematical and Physical Sciences* 300 (1967), Nr. 1460, S. 108–119

[73] LEBLOND, J. B.: Crack paths in plane situations–I. General form of the expansion of the stress intensity factors. In: *International Journal of Solids and Structures* 25 (1989), Nr. 11, S. 1311–1325

[74] LION, A.: Thixotropic behaviour of rubber under dynamic loading histories: experiments and theory. In: *Journal of the Mechanics and Physics of Solids* 46 (1998), Nr. 5, S. 895–930

[75] LION, A.: Strain-dependent dynamic properties of filled rubber: A non-linear viscoelastic approach based on structural variables. In: *Rubber Chemistry and Technology* 72 (1999), S. 410–429

[76] LION, A.: Dynamische Modellierung von elastomeren Bauteilen. In: *Tagungsband zum Seminar „Geräusch- und Schwingungskomfort von Kraftfahrzeugen“*, Haus der Technik, Essen, 2006

[77] MANDELBROT, B. B. ; PASSOJA, D. E. ; PAULLAY, A. J.: Fractal character of fracture surfaces of metals. In: *Nature* 308 (1984), Nr. 5961, S. 721–722

[78] MARK, J. E. ; ERMAN, B. ; EIRICH, F. R.: *Science and technology of rubber*. Academic Press, 2005

[79] MARS, W. V. ; FATEMI, A.: Factors that affect the fatigue life of rubber: A literature survey. In: *Rubber Chemistry and Technology* 77 (2004), Nr. 3, S. 391–412

[80] MAUGIN, G. A.: *The thermomechanics of plasticity and fracture*. Cambridge University Press, 1992

[81] MAUGIN, G. A.: *Material inhomogeneities in elasticity*. Chapman & Hall, 1993

[82] MAUGIN, G. A.: Material forces: concepts and applications. In: *Applied Mechanics Reviews* 48 (1995), S. 213

[83] MAUGIN, G. A.: *The thermomechanics of nonlinear irreversible behaviors: an introduction*. World Scientific, 1999

[84] MAUGIN, G. A. ; MUSCHIK, W.: Thermodynamics with internal variables, Part I. General concepts. In: *Journal of Non-Equilibrium Thermodynamics* 19 (1994), S. 217–249

[85] MAUGIN, G. A. ; MUSCHIK, W.: Thermodynamics with internal variables, Part II. Applications. In: *Journal of Non-Equilibrium Thermodynamics* 19 (1994), S. 250–289

[86] MAUGIS, D. ; BARQUINS, M.: Fracture mechanics and the adherence of viscoelastic bodies. In: *Journal of Physics D: Applied Physics* 11 (1978), S. 1989–2023

[87] MEDALIA, A.: Effect of carbon black on dynamic properties of rubber vulcanizates. In: *Rubber Chemistry and Technolgy* 51 (1978), S. 437

[88] MEMHARD, D. ; BROCKS, W. ; FRICKE, S.: Characterization of ductile tearing resistance by energy dissipation rate. In: *Fatigue & Fracture of Engineering Materials & Structures* 16 (2007), Nr. 10, S. 1109–1124

[89] MEUTZNER, F.: *Photogrammetrische Topographierekonstruktion elektronenmikroskopischer Bilddaten*, Technische Universität Dresden, Studienarbeit, 2009

[90] MICHLER, G.H.: *Kunststoff-Mikromechanik: Morphologie, Deformations- und Bruchmechanismen*. Hanser, München, 1992

[91] MOONEY, M.: A theory of large elastic deformation. In: *Journal of Applied Physics* 11 (1940), S. 582

[92] MUELLER, R. ; KOLLING, S. ; GROSS, D.: On configurational forces in the context of the finite element method. In: *International Journal for Numerical Methods in Engineering* 53 (2001), Nr. 7, S. 1557–1574

[93] MULLINS, L.: Softening of rubber by deformation. In: *Rubber Chemistry and Technology* 42 (1969), Nr. 1

[94] MULLINS, L. ; TOBIN, N. R.: Stress softening in rubber vulcanizates. Part I. Use of a strain amplification factor to describe the elastic behavior of filler-reinforced vulcanized rubber. In: *Journal of Applied Polymer Science* 9 (1965), Nr. 9, S. 2993–3009

[95] MUSCHELISCHWILI, N. I.: *Einige Grundaufgaben zur mathematischen Elastizitätstheorie*. VEB Fachbuchverlag, Leipzig, 1971

[96] NETZKER, C. ; DAL, H. ; KALISKE, M.: An endochronic plasticity formulation for filled rubber. In: *International Journal of Solids and Structures* (2010)

[97] NGUYEN, T. D. ; GOVINDJEE, S. ; KLEIN, P. A. ; GAO, H.: A material force method for inelastic fracture mechanics. In: *Journal of the Mechanics and Physics of Solids* 53 (2005), Nr. 1, S. 91–121

[98] NÄSER, B. ; KALISKE, M. ; MÜLLER, R.: Material forces for inelastic models at large strains: application to fracture mechanics. In: *Computational Mechanics* 40 (2007), Nr. 6, S. 1005–1013

[99] OGDEN, R. W.: Large deformation isotropic elasticity-on the correlation of theory and experiment for incompressible rubberlike solids. In: *Proceedings of the Royal Society of London. Series A, Mathematical and Physical Sciences* 326 (1972), Nr. 1567, S. 565–584

[100] OROWAN, E.: Fracture and strength of solids. In: *Reports on Progress in Physics* (1948), S. 185

[101] PAYNE, A. R.: The dynamic properties of carbon-black loaded natural rubber vulcanizates. Part I. In: *Journal of Applied Polymer Science* 6 (1962), S. 57

[102] PEERLINGS, R. H. J. ; DE BORST, R. ; BREKELMANS, W. A. M. ; DE VREE, J. H. P.: Gradient enhanced damage for quasi-brittle materials. In: *International Journal for Numerical Methods in Engineering* 39 (1996), Nr. 19, S. 3391–3403

[103] PEERLINGS, R. H. J. ; GEERS, M. G. D. ; DE BORST, R. ; BREKELMANS, W. A. M.: A critical comparison of nonlocal and gradient-enhanced softening continua. In: *International Journal of Solids and Structures* 38 (2001), Nr. 44-45, S. 7723–7746

[104] PERSSON, B. N. J. ; ALBOHR, O. ; HEINRICH, G. ; UEBA, H.: Crack propagation in rubber-like materials. In: *Journal of Physics: Condensed Matter* 17 (2005), S. R1071–R1142

[105] PERSSON, B. N. J. ; ALBOHR, O. ; TARTAGLINO, U. ; VOLOKITIN, A. I. ; TOSATTI, E.: On the nature of surface roughness with application to contact mechanics, sealing, rubber friction and adhesion. In: *Journal of Physics: Condensed Matter* 17 (2005), Nr. 1, S. R1–R62

[106] PERSSON, B. N. J. ; BRENER, E. A.: Crack propagation in viscoelastic solids. In: *Physical Review E* 71 (2005), Nr. 3, S. 36123

[107] PONSON, L.: Crack propagation in disordered materials: how to decipher fracture surfaces. In: *Annales de Physique* 32 (2007), Nr. 1, S. 1–120

[108] PÜTZ, M.: *Dynamik von Polymerschmelzen und Quellverhalten ungeordneter Netzwerke*, Johannes Gutenberg-Universität Mainz, Diss., 1999

[109] R., Rice J. ; R., Rosengren G.: Plane strain deformation near a crack tip in a power law hardening material. In: *Journal of Mechanics and Physics of Solids* 16 (1968), Nr. 5, S. 1–12

[110] RAMBERG, W. ; OSGOOD, W. R.: Description of stress-strain curves by three parameters. In: *NACA Technical Note* 902 (1943)

[111] REINCKE, K.: *Bruchmechanische Bewertung von ungefüllten und gefüllten Elastomerwerkstoffen*, Universität Halle-Wittenberg, Diss., 2005

[112] REINCKE, K. ; GRELLMANN, W. ; KLÜPPEL, M.: Investigation of fracture mechanical properties of filler-reinforced styrene-butadiene elastomers. In: *Kautschuk Gummi Kunststoffe* 62 (2009), S. 246–251

[113] REYNOLDS, O.: *Papers on mechanical and physical subjects*. Cambridge University Press, 1901

[114] RICE, J. R.: A path independent integral and the approximate analysis of strain concentration by notches and cracks. In: *Journal of Applied Mechanics* 35 (1968), Nr. 2, S. 379–386

[115] RIVLIN, R. S. ; THOMAS, A. G.: Rupture of rubber. I. Characteristic energy for tearing. In: *Journal of Polymer Science* 10 (2003), Nr. 3, S. 291–318

[116] ROUSE, P. E.: A theory of the linear viscoelastic properties of dilute solutions of coiling polymers. In: *Journal of Chemical Physics* 21 (1953), S. 1272–1280

[117] RÖTHEMEYER, F. ; SOMMER, F.: *Kautschuktechnologie: Werkstoffe, Verarbeitung, Produkte*. Hanser Verlag, 2006

[118] SANTUCCI, S. ; MALOY, K. J. ; DELAPLACE, A. ; MATHIESEN, J. ; HANSEN, A. ; HAAVIG BAKKE, J. ; SCHMITTBUHL, J. ; VANEL, L. ; RAY, P.: Statistics of fracture surfaces. In: *Physical Review E* 75 (2007), Nr. 1, S. 16104

[119] SCHAPERY, R. A.: Correspondence principles and a generalizedJ integral for large deformation and fracture analysis of viscoelastic media. In: *International Journal of Fracture* 25 (1984), Nr. 3, S. 195–223

[120] SCHIMPFKE, T.: *Numerische Untersuchungen zur J-Integralerweiterung für elastisch-plastisches Material im Hinblick auf die Integrität des Reaktordruckbehälters*, Staatliche Materialprüfungsanstalt (MPA), Universität Stuttgart, Diss., 2002

[121] SCHWARZL, F.R.: *Polymermechanik: Struktur und mechanisches Verhalten von Polymeren*. Springer, 1990

[122] SIH, G. C.: Strain energy density factor applied to mixed mode crack problems. In: *International Journal of Fracture* 10 (1974), Nr. 3, S. 305–321

[123] SIMO, J. C. ; HONEIN, T.: Variational formulation, discrete conservation laws, and path-domain independent integrals for elasto-viscoplasticity. In: *Journal of Applied Mechanics* 57 (1990), S. 488

[124] SIMONSEN, I. ; HANSEN, A. ; NES, O. M.: Determination of the Hurst exponent by use of wavelet transforms. In: *Physical Review E* 58 (1998), Nr. 3, S. 2779–2787

[125] SMALLWOOD, H. M.: Limiting law of the reinforcement of rubber. In: *Journal of Applied Physics* 15 (1944), S. 758

[126] STEINMANN, P.: Application of material forces to hyperelastostatic fracture mechanics. I. Continuum mechanical setting. In: *International Journal of Solids and Structures* 37 (2000), Nr. 48-50, S. 7371–7391

[127] STEINMANN, P. ; ACKERMANN, D. ; BARTH, F. J.: Application of material forces to hyperelastostatic fracture mechanics. II. Computational setting. In: *International Journal of Solids and Structures* 38 (2001), Nr. 32-33, S. 5509–5526

[128] STROBL, G. R.: *The physics of polymers: concepts for understanding their structures and behavior.* Springer, 2007

[129] SUMPTER, J. D. G.: An alternative view of R curve testing. In: *Engineering Fracture Mechanics* 64 (1999), Nr. 2, S. 161–176

[130] SUMPTER, J. D. G.: Energy rates and crack stability in small scale yielding. In: *International Journal of Fracture* 130 (2004), Nr. 3, S. 667–681

[131] SUMPTER, J. D. G.: The energy dissipation rate approach to tearing instability. In: *Engineering Fracture Mechanics* 71 (2004), Nr. 1, S. 17–37

[132] TANAKA, Y. ; FUKAO, K. ; MIYAMOTO, Y. ; SEKIMOTO, K.: Discontinuous crack fronts of three-dimensional fractures. In: *Europhysics Letters* 43 (1998), S. 664–670

[133] TSCHOEGL, N. W.: *The phenomenological theory of linear viscoelastic behavior: an introduction.* Springer, 1989

[134] TSUNODA, K. ; BUSFIELD, J. J. C. ; DAVIES, C. K. L. ; THOMAS, A. G.: Effect of materials variables on the tear behaviour of a non-crystallising elastomer. In: *Journal of Materials Science* 35 (2000), Nr. 20, S. 5187–5198

[135] TURNER, C. E.: A re-assessment of ductile tearing resistance, Part I: The geometry dependence of JR curves in fully plastic bending. Part II: Energy dissipation rate and associated R-curves on normalized axes. In: FIRRARO, D. (Hrsg.) ; Turin (Veranst.): *Fracture Behaviour and Design of Materials and Structures* Bd. 2 Turin, 1990, S. 933–949

[136] VILGIS, T. A.: Time scales in the reinforcement of elastomers. In: *Polymer* 46 (2005), Nr. 12, S. 4223–4229

[137] VILGIS, T. A. ; HEINRICH, G. ; KLÜPPEL, M.: *Reinforcement of polymer nano-composites.* Cambridge University Press, 2009

[138] WALL, F. T. ; FLORY, P. J.: Statistical thermodynamics of rubber elasticity. In: *Journal of Chemical Physics* 19 (1951), S. 1435

[139] WANG, X. ; ROBERTSON, C. G.: Strain-induced nonlinearity of filled rubbers. In: *Physical Review E* 72 (2005), Nr. 3, S. 31406

[140] WEISS, S.: *Mikroskopische Bruchflächenuntersuchungen an rußverstärktem Styrol-Butadien-Kautschuk*, Technische Universität Dresden, Studienarbeit, 2009

[141] WEYER, S.: *Beschreibung des Einfrierens und der komplexen Wärmekapazität am Glasübergang mit einem erweiterten TNM-Modell*, Universität Rostock, Diss., 2002

[142] WILLIAMS, M. L. ; LANDEL, R. F. ; FERRY, J. D.: The temperature dependence of relaxation mechanisms in amorphous polymers and other glass-forming liquids. In: *Journal of the American Chemical Society* 77 (1955), Nr. 14, S. 3701–3707

[143] ZIENKIEWICZ, O. C. ; TAYLOR, R. L.: *The Finite Element Method, Vol. 1-2*. McGraw-Hill, London, 1989